中国孩子特爱看的

总策划／邢涛　主编／龚勋

中国儿童百科全书

ZHONGGUO HAIZI TE AIKAN DE
ZHONGGUO ERTONG BAIKE QUANSHU

注音彩图版

地球真相

U0842698

汕头大学出版社

tui jian xu

世界儿童基金会
林once富

原来，百科全书可以如此精彩而有趣！

如果用不同类型的人来比喻不同类型的书，那么"百科全书"在许多家长和孩子眼里都会是一个须发皆白的老者，虽然满腹经纶，但那高高在上的工具书的面孔总会让人敬而远之，因此常常被束之高阁。而本套百科全书却更像一个带领孩子们去冒险的伙伴，伴随他们在知识的王国慢慢长大。

儿童的成长是积极地建构自身的过程。在这个过程中，主动学习知识比被动吸收信息对他们的身心发展更有益处，这种自主认知的内驱力将成为儿童提高、完善自我的动力之源。因此，寻找到一套能使孩子们爱不释手，同时又能在阅读过程中获益匪浅的书籍，将是父母们最感欣慰的事情。

本套百科全书正是这样一套依据儿童本位、符合儿童认知规律的优秀图书。它不同于传统意义上"大而全"的百科全书，不追求卷帙浩繁的大部头气派和道貌岸然的说教式姿态，而是以调动儿童阅读兴趣为出发点，以激发儿童求知欲、开启儿童智慧心门、培养儿童探索精神和创造性思维为编撰宗旨，在整体策划上呈现出知识性与趣味性相结合、互动交流的"授业解惑"与轻松愉快的阅读氛围相结合的全新形式。

丰富有趣的知识内容、灵活新颖的学习方式、快乐认知的阅读感受，将使孩子们在通向未来的旅程上信心满满，以富有创造精神的头脑迎接五彩缤纷的大千世界。

中国儿童教育研究所
陈勉

将快乐学习进行到底！

  每个孩子都是爱玩的，实际上，"玩"在他们的成长过程中是一种了解世界的学习方式。将严肃、枯燥、被动的说教式教育变为活泼、有趣、主动的快乐学习，对正处于生长发育期的幼儿来说非常有益，能使他们在玩中自然而然地将各种有用的知识收入囊中，最大限度地开发出个人潜能。

  本套"中国孩子最爱看的中国儿童百科全书"正是在充分了解了儿童学习特点的基础上精心编撰而成的，内容选取儿童成长过程中最需学习、掌握的十类自然与人文百科知识，每一本都能有效地帮助他们建立起对整个世界的认识。同时，针对儿童容易分心的认知特点，本套书的编撰者们在版式设计上也别具匠心，突破了传统的图文互配的简单形式，将阅读主题通过制作精良、别开生面的场景图片展现出来，让孩子们边玩边学，培养起求知好学的兴趣，将各种百科知识充分吸收。

  没有兴趣的强制性学习，只会扼杀孩子探求真理的天性，抑制他们智力的发展。因此，只有在保持儿童学习兴趣的基础上，才能充分调动起他们探索未知的勇气和信心。相信本套"中国儿童百科全书"在带给孩子新鲜的阅读感受的同时，也使他们积累了认识和开发世界所必需的知识，使美好的童年生活变得更加丰富，无比充实。

前言

地球是我们赖以生存的家园,关于地球的知识包罗万象而又趣味十足。对于小孩子来说,这正是他们渴望并需要知道的。为了让孩子们对这个奇特的星球有一个全面的了解,并激发他们热爱科学、自发探索的热情,我们特意编写了这本《地球真相》。

本书针对儿童的理解和接受能力,从新颖的角度出发,以简洁生动的语言为孩子们介绍了关于地球各方面的知识。本书共分五章:地球的秘密,介绍了地球的基本知识和地球上的各种自然现象;地表的故事,介绍了五彩缤纷的地貌;地球的演变,介绍了地球的演变和地表所发生的变化;地球与生命,介绍了地球上的生命与生态系统;地球的资源,介绍了地球上可供人类利用的各种资源和矿藏。在对每一个具体知识点进行介绍的同时,本书还特意针对该知识点增加了"小牛顿科学馆"栏目,以及一些趣味性的小故事,来帮助孩子们全方位地了解该知识点。

本书的文字均配有拼音,既方便孩子们独立阅读,又能帮助他们掌握正确的读音。文中还甄选了大量的精美图片,帮助孩子直观感性地掌握知识。

新颖活泼的版面形式,丰富多彩的科学知识,相信这本《地球真相》一定能使孩子们了解到地球的真实面貌,从中获得丰富的知识,并体会到学习的乐趣。

如何使用本书

本书用简洁生动的语言，分五章介绍了关于地球的各方面知识。每个章节分为若干个知识点，各知识点都有主题，讲述知识点的主要内容；主题下分三个辅标题，介绍主标题所介绍的知识，使孩子们能够详细地了解该知识点。其次，一个趣味性强的小故事和一个科学性强的小资料分别作为知识点的补充，增加孩子们阅读的兴趣。同时，全书配有与内容相关的精美图片，能帮助孩子直观感性地掌握知识。

书眉
双页码的书眉标示书名，单页码的书眉标示每一章的名称。

主标题
本节主要讲述的知识。

主标题说明
阐述本节知识主要的内容，帮助了解本节的知识全貌。

小资料
与辅标题内容密切相关的带有趣味性的内容，是辅标题的补充和扩展。

图注
对图片信息的详细解释。

解剖地球

地球的内部到底是什么样子呢？能不能解剖它来看个究竟呢？其实，科学家已经为我们"解剖"啦！他们说，我们生活的这个地球就像一个鸡蛋，一共分为三层。地壳相当于蛋壳，地幔相当于蛋白，地核相当于蛋黄，只是地球这个蛋的蛋壳并不光滑。

地球的"蛋壳"——地壳

地壳是地球的表面，它就像是地球的一张脸。地壳包括大陆地壳和海洋地壳。地壳的厚度是不均匀的，大陆地壳比较厚，平均厚度大约是35千米；而海洋地壳比较薄，一般在5~10千米。

不安分的地壳
地壳并不是静止不动的，它可不安分啦，一直都在运动呢，大陆会慢慢地漂移，构成地表的板块会运动，火山爆发和地震都会改变地球的面孔。在漫长的地球历史中，经常会发生沧海变桑田的事情，一块绿油油的良田，在成千上万年前可能就是一片汪洋大海呢，这就是地壳运动的结果。

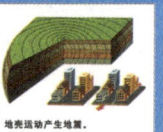
地壳运动产生地震。

地壳的薄厚不均匀

火山喷发出的岩浆能帮助人们研究地幔的物质成分

爆发的火山使地球的面孔发生了改变

篇章页

每个篇章都有介绍本篇章的主要内容的文字,并辅以本篇章内具有代表性意义的图片,引导小读者快速了解与掌握全篇的内容要点。

地球与生命

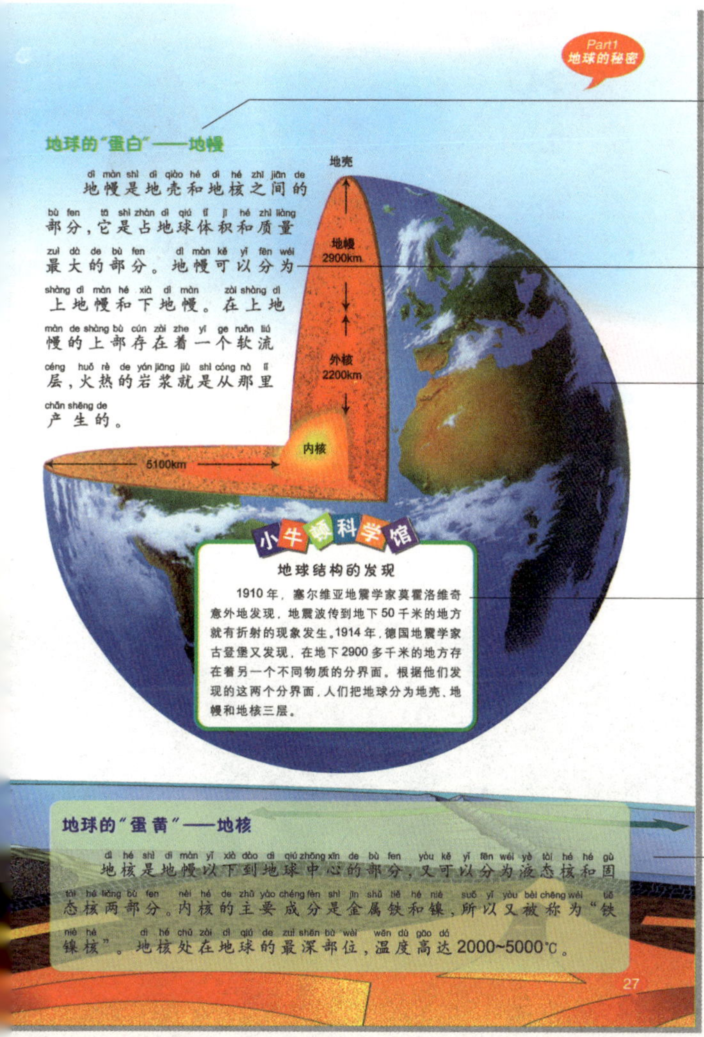

Part1 地球的秘密

地球的"蛋白"——地幔

dì màn shì dì qiào hé dì hé zhī jiān de
地幔是地壳和地核之间的
bù fen, tā shì zhàn dì qiú tǐ jī hé zhì liàng
部分,它是占地球体积和质量
zuì dà de bù fen. dì màn kě yǐ fēn wéi
最大的部分。地幔可以分为
shàng dì màn hé xià dì màn. zài shàng dì
上地幔和下地幔。在上地
màn de shàng bù cún zài zhe yī gè ruǎn liú
幔的上部存在着一个软流
céng, huǒ rè de yán jiāng jiù shì cóng nà lǐ
层,火热的岩浆就是从那里
chǎn shēng de
产生的。

地壳
地幔 2900km
外核 2200km
内核
5100km

小牛顿科学馆

地球结构的发现

1910年,塞尔维亚地震学家莫霍洛维奇意外地发现,地震波传到地下50千米的地方就有折射的现象发生。1914年,德国地震学家古登堡又发现,在地下2900多千米的地方存在着另一个不同物质的分界面。根据他们发现的这两个分界面,人们把地球分为地壳、地幔和地核三层。

地球的"蛋黄"——地核

dì hé shì dì màn yǐ xià dào dì qiú zhōng xīn de bù fen, yòu kě yǐ fēn wéi yè tài hé hé gù
地核是地幔以下到地球中心的部分,又可以分为液态核和固
tài hé liǎng bù fen. nèi hé de zhǔ yào chéng fèn shì tiě hé niè, suǒ yǐ yòu bèi chēng wéi "tiě
态核两部分。内核的主要成分是金属铁和镍,所以又被称为"铁
niè hé". dì hé chù zài dì qiú de zuì shēn bù wèi, wēn dù gāo dá 2000~5000℃
镍核"。地核处在地球的最深部位,温度高达2000~5000℃。

辅标题
本节知识的细化内容。

辅标题说明
对辅标题的具体阐述或讲解。

图片
与本节知识相关的图片,让您对相关内容有更感性直观的认识。

小牛顿科学馆
与辅标题内容密切相关的科学知识,是辅标题的补充和参考。

手绘原理图
根据文章内容,由资深插图画家绘制的原理示意图,说明性强,让小读者一目了然。

目录 MULU

第一章
地球的秘密

地球在哪里	16
地球、月球和太阳	18
地球的外衣	20
太阳系里的生命星球	22
初识地球	24
解剖地球	26
数字地球	28
地球磁场写真	30
苹果落地了	32
复杂的气候	34
春夏秋冬	36
白天过后是黑夜	38

第二章
地表的故事

世界七大洲	42
地球两极	44
无处不在的岩石	46
孕育生命的土壤	48
绵延起伏的山脉	50
走过平原	52
像盆子一样的盆地	54
沙子组成的海洋——沙漠	56
风吹草低见牛羊——草原	58
黄土高原	60
动植物的天堂——森林	62
洞穴天地	64
河流：大地的血脉	66
湖泊：人类的天然水库	68

目录 MU LU

泉水叮咚	70
飞流直下三千尺——瀑布	72
流动的冰——冰川	74
地球上的水	76
地球四大洋	78
海底世界	80

第三章
地球的演变

地球宝宝出生了	84
史前地球时代	86
蕨类植物时代	88

爬行类时代	90
冰川时代	92
巨大的拼图玩具	94
河水是一个搬运工	96
冰川的侵蚀	98
地下水的侵蚀作用	100
海水的侵蚀	102
太阳辐射与地形	104
天外来客的造访	106
风化作用	108
人类改造地球	110
火山喷出滚烫的岩浆	112

目录 MULU

地动山摇	**114**
滑坡和泥石流	**116**
山崩	**118**
高山雪崩	**120**
大海的怒吼——海啸	**122**

第四章
地球与生命

奇妙的化石	**126**
生命的演化	**128**
多种多样的生物	**130**
生物圈	**132**
食物链与食物网	**134**
生态系统的平衡	**136**

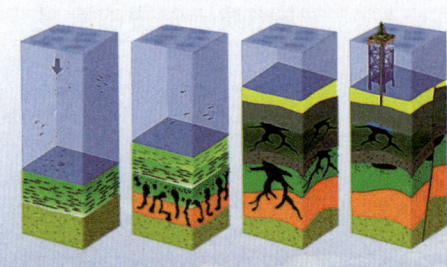

第五章
地球的资源

地球资源	**140**
洁净的太阳能	**142**
风的能量	**144**
江河湖海蕴涵的能量	**146**
能量巨大的核能	**148**
金银铜铁	**150**
煤炭、石油和天然气	**152**
光彩夺目的宝石	**154**
生病的地球	**156**
爱护我们的家园	**158**

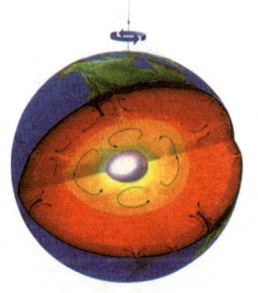

第一章 地球的秘密

从太空中看到的地球美丽非凡：它散发着蓝色的光辉，蔚蓝色的海水覆盖着地球的表面，红褐色的陆地就像漂浮在水面上的树叶；陆地和海洋的上空，点缀着朵朵白云。地球是我们赖以生存的家园，千百年来，人类一直探索着它的秘密。在茫茫宇宙中，地球是一个怎样的星球呢？地球自身又隐藏着多少秘密呢？小朋友们，让我们一起走进那奇妙的世界里，去探索地球的秘密吧！

中国儿童百科全书
之 地球真相

地球在哪里

我们居住的美丽地球是太阳系的成员之一，而太阳系又是银河系里众多星系中的一个。在浩瀚的宇宙中，存在着无数的天体，地球是这些天体中微小的一个。

遥望银河

晴朗的夜空中，我们不仅能看到无数闪烁的星星，还能看到一条若有若无的光带跨越整个天空，好像天空中的一条长河，人们称之为"银河"。那其实只是银河系的一部分。银河系的形状像一个巨大的飞碟，里面约有1000多亿颗恒星，太阳就是其中的一个。

宇宙大家庭

宇宙是由无数个星体和宇宙尘埃构成的总体，它包括我们所知道的一切物质。宇宙里有数不清的像太阳一样熊熊燃烧的恒星，它们是宇宙最基本的组成部分之一。

小牛顿科学馆

恒星与行星

恒星是由炽热气体组成且本身能发光的天体。恒星并不是"永恒静止"的，它们只是相对于行星来说恒定而已。宇宙间有无数颗恒星。行星是围绕恒星旋转，且自身不发光的体型较大的星体。例如太阳是恒星，地球是围绕太阳旋转的行星。

 水星　　 金星　　地球　　 火星　　 木星

我们的太阳系

tài yáng xì de zhōng xīn shì tài yáng tā yōng yǒu jiǔ ge jiào dà de
太阳系的中心是太阳。它拥有九个较大的
xíng xīng fēn bié shì shuǐ xīng jīn xīng dì qiú huǒ xīng mù xīng tǔ
行星，分别是水星、金星、地球、火星、木星、土
xīng tiān wáng xīng hǎi wáng xīng hé míng wáng xīng zhè xiē xíng xīng dōu
星、天王星、海王星和冥王星。这些行星都
wéi rào zhe tài yáng xuán zhuǎn
围绕着太阳旋转。

太阳黑子
对流层
核心
光球层
辐射层
太阳的结构

地月系

地球和月球也构成了一个天体系统，叫地月系。在地月系中，地球是中心天体。人们一般都认为，月球围绕着地球旋转，但是，严格地说，月球并不是围绕地球旋转，而是围绕着地月系的共同质心旋转。

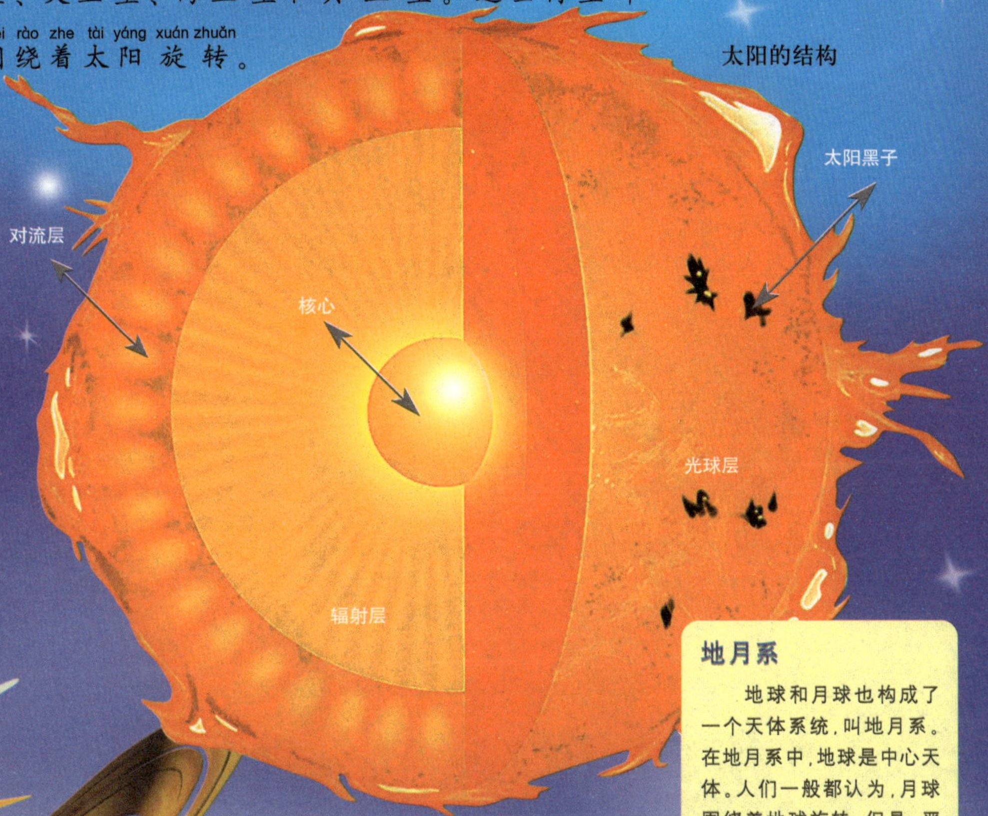

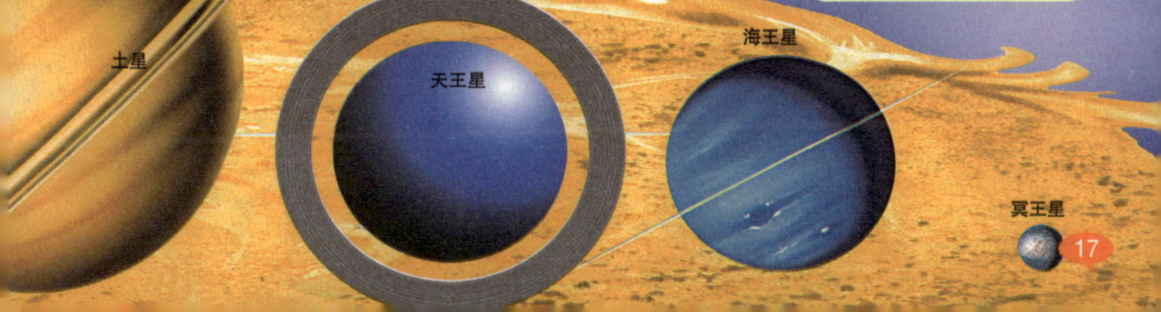

土星
天王星
海王星
冥王星

地球、月球和太阳

我们的地球一直在不停地转动,一方面围绕通过两极的地轴自西向东自转,一方面又围绕太阳公转。月球是地球的卫星,围绕着地球不停地旋转。正是由于这种旋转运动,我们才能看到像日食、月食这样的天文现象。

地球的自转

太阳东升西落,是因为地球的自转。也就是说,地球自己会旋转。所以,虽然看起来太阳东升西落,但是并不是太阳绕着我们转,而是地球自己在旋转。地球自转一周的时间大约是24小时。

从月球上看地球

从月球上看,地球是球体。但事实上,地球是两头稍扁、中间略鼓的椭球体。地球表面的大部分都覆盖着水,因此看起来像一个蓝色水晶球。

月球

Part1
地球的秘密

地球绕着太阳转

发光发热的太阳

地球在自转的同时,以每秒30千米的速度围绕太阳公转,一年转一圈,全程长达94,000万千米。

地球公转的路线称为公转轨道,地球公转轨道的形状是一个非常接近于正圆形的椭圆。

地球的公转和自转

月球绕着地球转

月球是地球的卫星,一直围绕着地球旋转。月球绕地球旋转时,它和地球、太阳的相对位置也在不断变化,月球被太阳照亮的半面以不同的角度对着地球。因此,从地球上看去,月球的形状就有了圆缺的变化。

小牛顿科学馆

日食和月食

当月球转到太阳和地球的中间,并挡住了太阳光的时候,处在月球影子里的人便会看到日食。当地球运行到月球和太阳中间,并挡住了照到月球上的太阳光的时候,我们看到的月球便失去了光明,这就是月食。

月食发生的过程

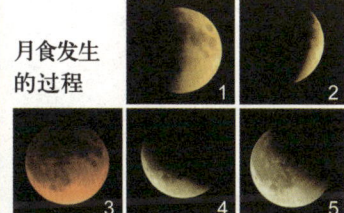

19

地球的外衣

我们居住的地球，被一层大气包裹着。如果我们从航天飞机或人造卫星上看地球，地球淡蓝色的美丽外衣就是大气层。我们人类世世代代就生活在这个大气层的底部。没有了地球大气，地球上便不可能有人类在内的任何生命。

气象卫星能够监测到大气对流层中的气象变化。

假如没有了大气

如果没有了大气层，当我们抬头看天空的时候，天空是黑色的，也没有白云。地面的平均温度也将不再是适合人类居住的15℃左右，而是冰冷的-18℃。天空中不会有美丽的彩虹，也没有了风雨雷电。没有了空气，生物也无法生存，地球就会变成像月球一样死寂荒凉的世界。

地球的大气层能防止太阳辐射出的热量迅速反射。

大气层

太阳光

Part1 地球的秘密

对流层

对流层是地球大气中最靠近地表的一层。对流层虽然只有8~17千米厚，却集中了大气中90%的水汽。由于对流层的气温从下往上逐渐降低，空气上下对流比较强烈，从而形成了风云雷电、雨露雪霜等丰富的大气现象。

小牛顿科学馆

星星为什么眨眼睛

地球各层大气都在不停地流动着，同一层大气各处的密度也不一样。因此，星光在通过密度不断变化的大气层时，会因为光线折射程度的不断改变而发生闪烁。这就是我们看到的星星总是在眨眼睛的原因。

平流层

平流层在对流层的上层，那里的空气呈水平流动。平流层里空气稀薄，总是风平浪静，十分适合喷气客机的飞行。平流层也是大气臭氧集中的地方，正是这层臭氧，吸收了太阳紫外线中对生物伤害最大的部分，保护了地面上的生命。

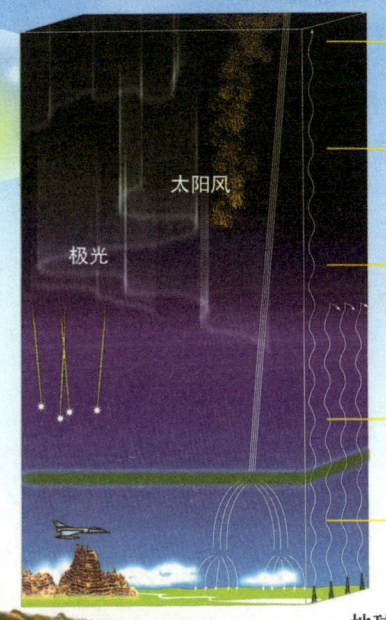

地球大气层

中间层、热层和外逸层

中间层能够反射地面发出的无线电波，地面上的越洋无线电通信就是借助它来实现的。热层的空气更加稀薄，可以出现极光现象。外逸层仅有少量大气分子，它们的运动速度都很快。有些分子会跑出大气层，因此外逸层又叫逃逸层。

太阳系里的生命星球

目前人类所了解的宇宙空间范围内，除了地球外，还没有发现其他星球有生命迹象。地球之所以存在生命，和地球所处的宇宙环境、地球距离太阳的远近以及地球自身的质量、大小都有关系。

安定的宇宙环境

太阳系范围内的九大行星、小行星、彗星都有自己的运行轨道。它们围绕太阳公转的方向一致，而且轨道面处在一个平面上，这就使地球处在一个较为稳定安全的宇宙环境中。

空间探测器

小牛顿科学馆

地球以外有生命吗

生命不一定是地球上所特有的现象，在宇宙间的其他恒星的行星系统中，只要有合适的条件，就可能诞生生命。这些生命也有可能进化出现智慧生命及其文明。所以，从20世纪开始，地球上的人类开始利用各种空间探测器探索地外文明。

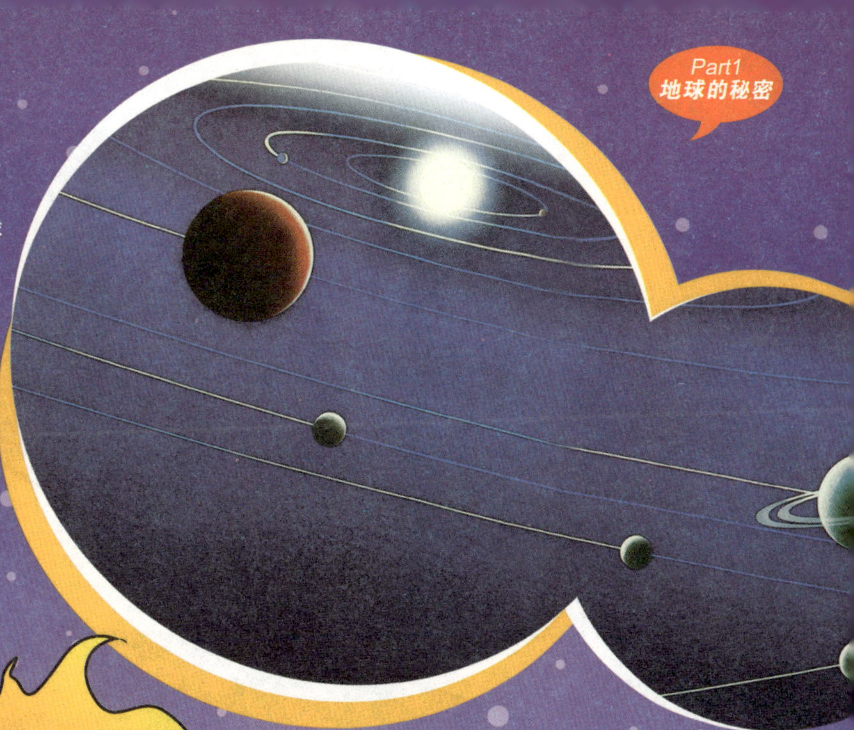

目前人类所知，地球是太阳系中唯一存在生命的星球。

“奥兹玛”计划

1960 年，德克拉等人利用美国国家射电天文台的射电望远镜，首次向地球以外的未知文明发射无线电信号，希望能够与他们取得联系。他们所实施的地外文明探索计划被称为“奥兹玛”计划。

地球与太阳的距离太合适啦

dì qiú yǔ tài yáng de jù lí shì zhōng shǐ dì qiú
地球与太阳的距离适中，使地球
néng bǎo chí de wēn dù zhè yě shì shuǐ néng bǎo
能保持 0~100℃ 的温度，这也是水能保
chí yè tài de wēn dù fàn wéi lìng wài shì dàng de jù lí
持液态的温度范围。另外，适当的距离
yě shǐ dì qiú biǎo miàn wēn dù chǔ yú zhú jiàn biàn huà de guò chéng
也使地球表面温度处于逐渐变化的过程
zhōng bǎo zhèng le dì qiú shang shēng mìng de shēng cún hé fā zhǎn
中，保证了地球上生命的生存和发展。

地球的大小和质量也很重要

dì qiú de dà xiǎo hé zhì liàng shì zhōng tā suǒ chǎn shēng de yǐn lì shǐ dà qì
地球的大小和质量适中，它所产生的引力使大气
xī fù zài dì qiú biǎo céng xíng chéng dà qì céng dì qiú dà qì jīng guò màn
吸附在地球表层，形成大气层。地球大气经过漫
cháng de yǎn huà zhú jiàn xíng chéng le shì yú shēng wù hū xī de dà qì
长的演化，逐渐形成了适于生物呼吸的大气。
dì qiú shang de yǎng qì hé shuǐ bìng bù shì yī kāi shǐ jiù yǒu de ér shì
地球上的氧气和水并不是一开始就有的，而是
jīng lì le màn cháng shí jiān de yǎn huà hòu cái xíng chéng de
经历了漫长时间的演化后才形成的。

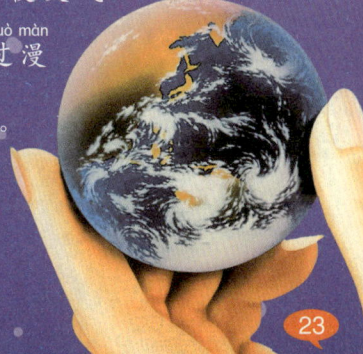

之 地球真相

初识地球

小朋友对地球的了解有多少呢？地球的形状和大小是什么样的呢？地球那么大，它到底有多重呢？让我们一起来认识一下我们生活的这个星球吧！

地球的质量

地球的质量约为 $6×10^{24}$ 千克，是月球质量的81倍。这使地球有了强于月球的引力，才产生了月球绕地球转的现象。

古人想象中的地球

近似球体的地球

科学家们通过人造卫星和宇宙飞船对地球进行了精确的测量，他们测量出地球的赤道半径为6378.40千米，极半径为6356.755千米，所以它非常接近球体。

地球的周长

地球赤道处的周长约为40077千米,赤道处的直径是12756千米,比连接两极的直径长42千米。第一个算出地球周长的人是古希腊天文学家埃拉托色尼,他的测量结果与地球的实际周长仅相差24千米。

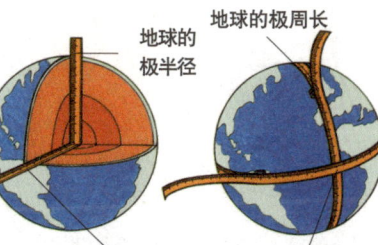

地球的极半径　地球的极周长

地球的赤道半径　地球的赤道周长

地球的形状

早在2000多年前,我国古代就有"天圆地方"的说法。那时候,人们认为地球是方的。经过长期的观察,人们对"天圆地方"这种说法产生了怀疑。而2000多年前的希腊哲学家亚里士多德发现发生月食时,月亮被地球的影子遮住的部分总是边缘呈圆弧形,于是他便提出了地球是"球体"或"近似球体"的说法。

地球离心力

旋转着的任何物体都会产生离开中心的力,这就是离心力,地球也不例外。在地球形成的过程中,它自转产生的惯性离心力使地球由两极向赤道逐渐膨胀,成为目前略扁的椭球体。

解剖地球

地球的内部到底是什么样子呢?能不能解剖它来看个究竟呢?其实,科学家已经为我们"解剖"啦!他们说,我们生活的这个地球就像一个鸡蛋,一共分为三层。地壳相当于蛋壳,地幔相当于蛋白,地核相当于蛋黄,只是地球这个蛋的蛋壳并不光滑。

地球的"蛋壳"——地壳

地壳是地球的表面,它就像是地球的一张脸。地壳包括大陆地壳和海洋地壳。地壳的厚度是不均匀的,大陆地壳比较厚,平均厚度大约是35千米;而海洋地壳比较薄,一般在5~10千米。

不安分的地壳

地壳并不是静止不动的,它可不安分啦,一直都在运动呢。大陆会慢慢地漂移,构成地表的板块会运动,火山爆发和地震都会改变地球的面孔。在漫长的地球历史中,经常会发生沧海变桑田的事情。一块绿油油的良田,在成千上万年前可能就是一片汪洋大海呢。这就是地壳运动的结果。

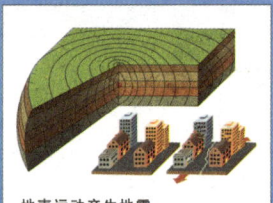

地壳运动产生地震。

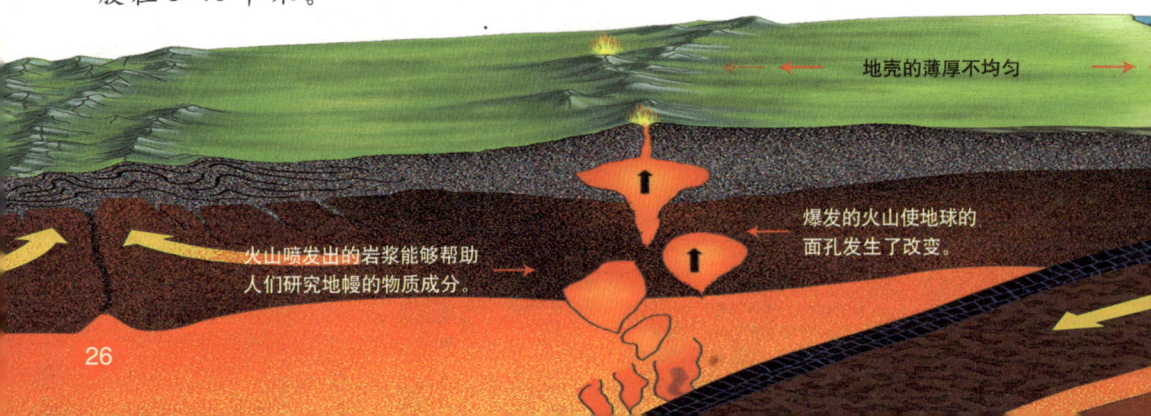

地壳的薄厚不均匀

火山喷发出的岩浆能够帮助人们研究地幔的物质成分。

爆发的火山使地球的面孔发生了改变。

地球的"蛋白"——地幔

地幔是地壳和地核之间的部分,它是占地球体积和质量最大的部分。地幔可以分为上地幔和下地幔。在上地幔的上部存在着一个软流层,火热的岩浆就是从那里产生的。

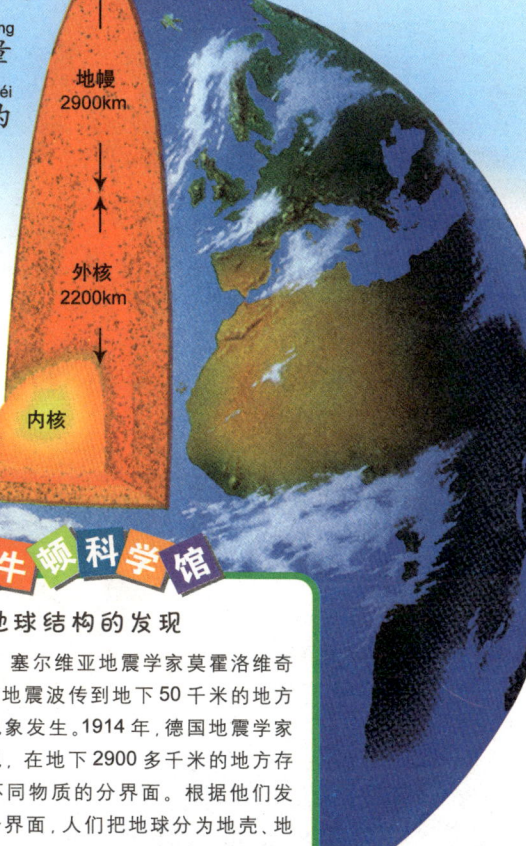

小牛顿科学馆

地球结构的发现

1910年,塞尔维亚地震学家莫霍洛维奇意外地发现,地震波传到地下50千米的地方就有折射的现象发生。1914年,德国地震学家古登堡又发现,在地下2900多千米的地方存在着另一个不同物质的分界面。根据他们发现的这两个分界面,人们把地球分为地壳、地幔和地核三层。

地球的"蛋黄"——地核

地核是地幔以下到地球中心的部分,又可以分为液态核和固态核两部分。内核的主要成分是金属铁和镍,所以又被称为"铁镍核"。地核处在地球的最深部位,温度高达2000~5000℃。

数字地球

为了更好地研究人类家园——地球，我们经常使用一种十分形象的立体仪器——地球仪。人们还在地球仪上刻画了一些本来不存在的线条和数字，这些线条和数字能为人类的现实生活服务。

小牛顿科学馆

经线和纬线

和地轴一样，经线和纬线也是地球上的假想线，它们是为了确定方位和其他用途而人为规定的。连接南北两极的线叫做经线，与经线垂直相交的线叫做纬线。纬线是一条条连续的线圈。我们还用经度和纬度规定了它们的度数。这些线条已经成为人类航海和航天时十分有用的坐标。

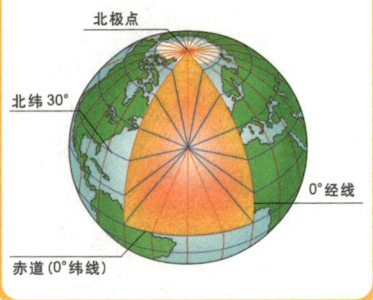

北极点
北纬30°
0°经线
赤道(0°纬线)

地轴

地轴是穿过地心连接两极的轴，地球围绕着地轴不停地自转。但实际上，"地轴"是不存在的，它只是人们为了方便描述地球的运动而假想出来的。

地球的倾斜角
赤道
地轴

赤道

0°纬线就是赤道,它把地球分为南北两个半球。赤道是最大的纬线圈,其他纬线圈平行于它,赤道任何一点到南北两极的距离都相等。

日界线

180°经线被称为"日界线"或者"国际日期变更线"。这条线穿过北极附近的白令海峡,通过太平洋。由东向西越过日界线,日期要增加一天;由西向东越过日界线,日期要减少一天。

南北回归线

在地球仪上,赤道两侧附近有两条特殊的虚线,这就是回归线。赤道以北的叫北回归线,赤道以南的叫南回归线,也就是北纬23.5°和南纬23.5°的纬线圈。

一年之中,太阳的直射点在南北回归线之间往返。

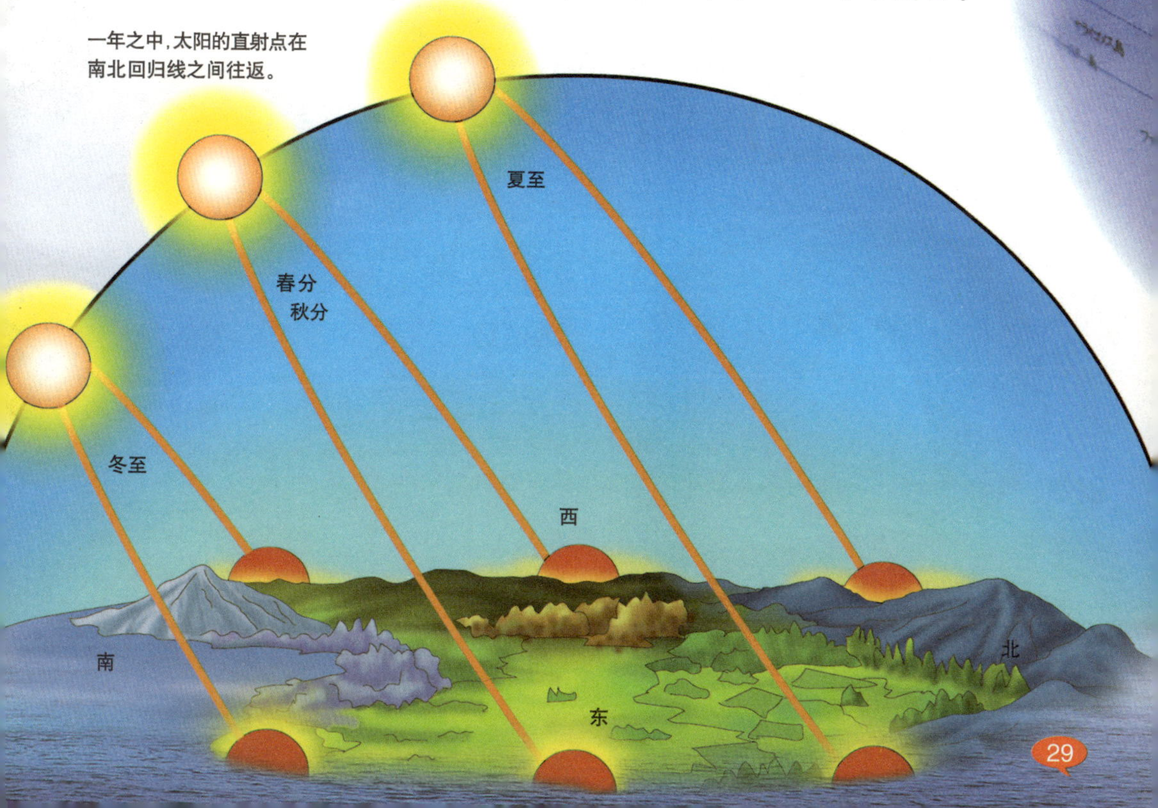

地球磁场写真

我们都知道指南针能够分辨方向,它的发明正是利用了地磁场的存在。地磁场的南极大致指向地理北极附近。地磁场不但存在着磁偏角,在漫长的地质史上还曾发生过磁极逆转现象。

地球像个大磁铁。

小牛顿科学馆

地球磁场在变化

在漫长的地质史上,地球磁场经常不定期地出现剧烈变化,磁力线会彻底改变方向。这种磁极转换对认识地球磁场的形成提供了重要线索。

地磁场

地球本身就像一个巨大的磁铁,在它的周围存在着看不见的磁力场,我们把它叫作"地磁场"。地磁场也具有南北两极,赤道附近地磁场最弱,两极附近地磁场最强。

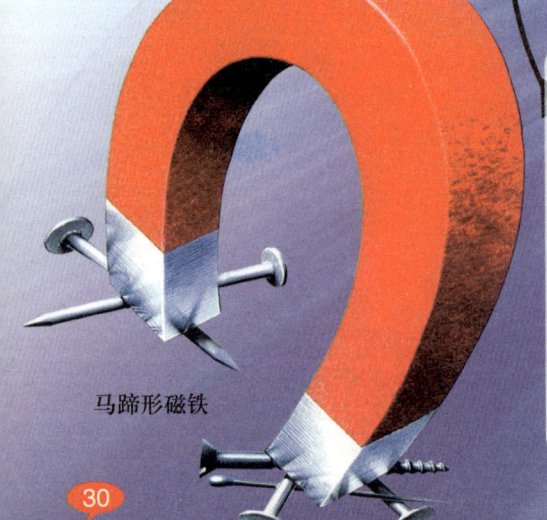

马蹄形磁铁

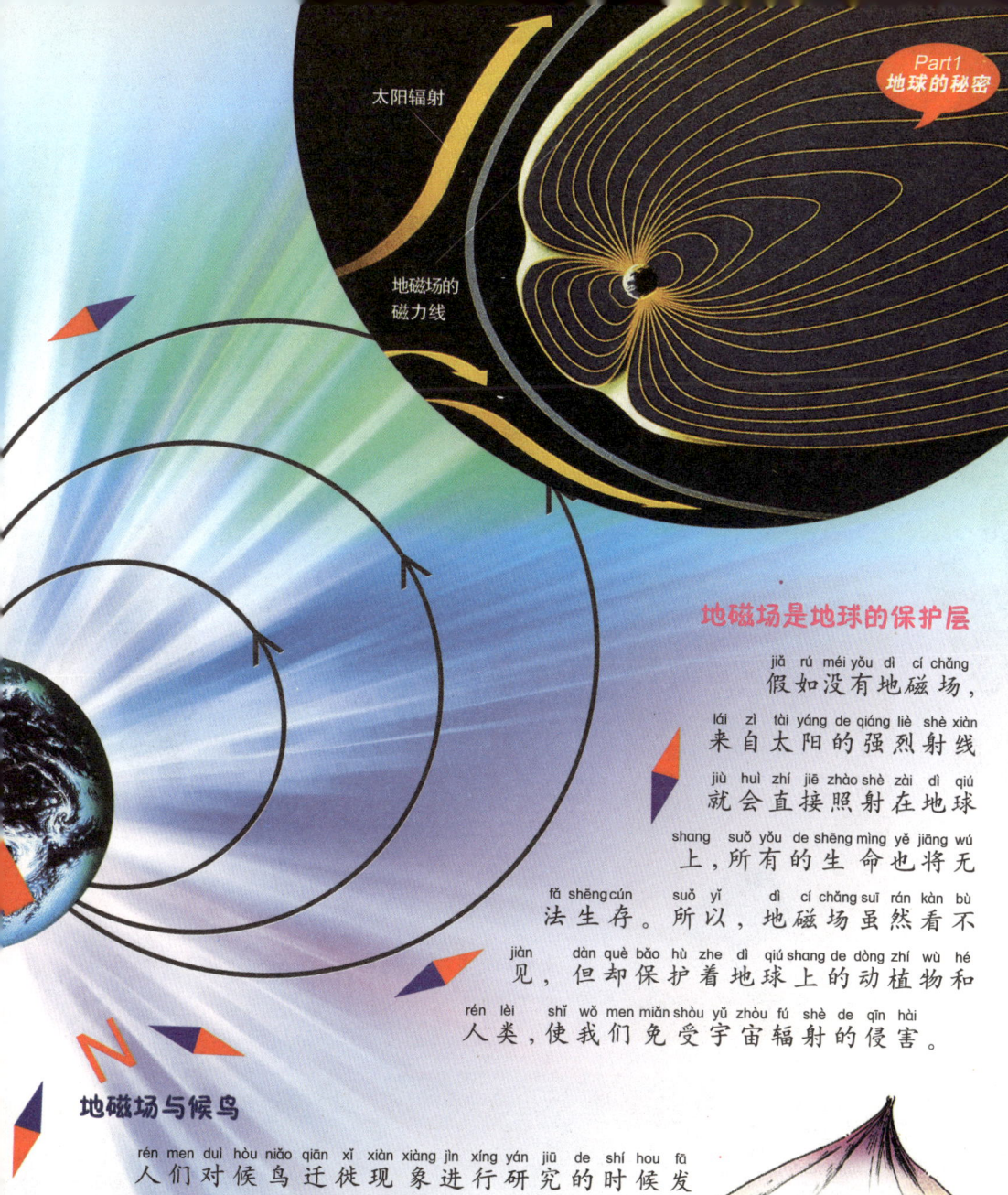

Part1 地球的秘密

太阳辐射

地磁场的磁力线

地磁场是地球的保护层

假如没有地磁场，来自太阳的强烈射线就会直接照射在地球上，所有的生命也将无法生存。所以，地磁场虽然看不见，但却保护着地球上的动植物和人类，使我们免受宇宙辐射的侵害。

地磁场与候鸟

人们对候鸟迁徙现象进行研究的时候发现，其体内有"雷达"。这个"雷达"能够通过与地磁场的相互作用来确定方向。地磁场如同向导一般指引候鸟回家，因此候鸟在长途迁徙中从不迷路。

磁偏角

指南针并不是十分准确地指示南北的，这说明地磁场的南北极与我们平常所说的地理南北极有偏角，这就是"磁偏角"。首先发现磁偏角的人是我国北宋时期的科学家沈括。

苹果落地了

地球悬浮在宇宙空间中,为什么地球上的物体不会四下乱掉呢?例如,苹果成熟后会落到地上,而不是飞到天上,就像有一只无形的大手,把它牢牢地拽回来似的。

苹果落地的故事

牛顿正坐在他家的果园中沉思。突然,一个苹果掉了下来,正巧落在他的前面。这触发了牛顿的灵感。究竟是一种什么力量使苹果落向地面呢?牛顿通过研究,终于发现了万有引力的存在。

万有引力

任何两个物体之间因为具有质量而产生互相吸引的力量,就是万有引力。地面上两个物体之间的万有引力都很小,我们看不出它们互相吸引的情形。但对质量非常大的地球来说,这个力就很大了。

跳绳时,好像有一股强大的力量把我们拽回地面。

地心·引力

地球的吸引力很大,它把人类和地面上的一切,都牢牢地吸引在地球的表面。有了地心引力,地球表面的各种物体才不会从地球上飞出去。

重力

我们在地球上所受到的力，并不只是地心引力。地球上的一切物体都受到了地心引力和地球离心力的共同作用，这就产生了重力。

Part1 地球的秘密

如果没有重力，地球上的人会很容易飞出地球。

离心力

万有引力

重力

两极的离心力最小。

赤道上的离心力最大。

小牛顿科学馆

重力异常

因为地球的质量分布不均匀，所以引起了地球上的重力异常。在科学研究中，科学家一般都假设地球是一个规则的椭球体，在这个基础上建立一个正常重力场，然后再根据实际的情况进行校正。

复杂的气候

气候就是一个地区多年的天气情况。地球上的各个地区的气候是不相同的。赤道附近的气候通常很热，两极附近的气候通常很冷，介于两极和赤道之间的地区，气候通常很温暖。

冰期的人类

在大约1.2万年前冰期到来时，天气异常寒冷。早期的人类为了在恶劣的环境里生存下去，就大肆猎捕大型动物，以获取足够的食物来抵御寒冷。

冰期的人类猎杀猛犸象为食。

地球上的气候带

地球上的气候主要有6种类型：热带气候、亚热带气候、温带气候、亚寒带气候、寒带气候和高山高原气候。根据这些不同的气候类型的分布，地球可以被划分成不同的气候带。

冷热差异的原因

地球上不同的区域吸收太阳的热量不同。在赤道地区，阳光常年直射，使这个地区温度很高。在两极地区，因阳光半年斜射，另外半年得不到照射，因此温度很低。

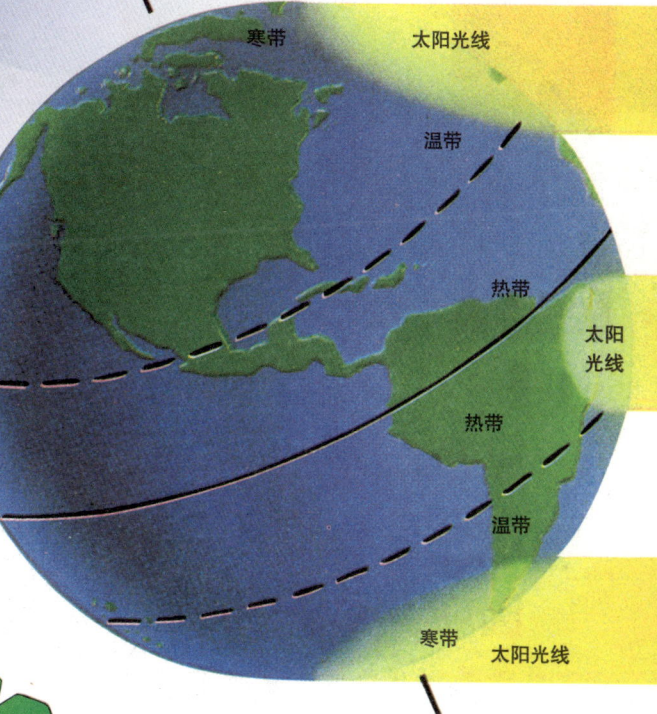

小牛顿科学馆

多变的山地气候

山地的气候因地理海拔位置不同而存在较大的差异，更令人奇怪的是，在山地的两侧，也会产生相异的气候。山地的气候经常是一侧湿润，而另一侧干燥。当空气沿山地上升时，冷却形成云，然后产生降雨或降雪。当空气从山地的另一侧下沉时，这里的气候就会变得干燥而温暖。

影响气候的因素

除了太阳辐射造成气候冷热差异之外，地形因素也会影响气候。海拔高度每增加300米，气候发生的变化相当于向极地方向前进约5000米所发生的变化。山坡的朝向同样影响了高地地区所呈现的气候种类。例如，如果山坡迎风，这里一定要比背风的山坡冷得多。

春夏秋冬

一年有春夏秋冬四个季节，春季温暖，万物复苏，百花盛开；夏季炎热，万物繁盛；秋季凉爽，是收获的季节；冬季寒冷，树木凋零。四个季节交替轮回，一年又一年。

四季的轮回

地球公转时，太阳的直射点就沿着地球南北回归线之间来回移动。随着地球绕太阳公转一圈，地球上的大部分地区就出现了春、夏、秋、冬四季的交替，赤道和极地地区则比较特殊，只有冬、夏两季。

小牛顿科学馆

地轴与四季

由于地球绕太阳公转时，地轴在宇宙空间的倾斜方向是不变的，所以一年间一些地方被太阳光直射，而另外一些地方被太阳光斜射。这意味着当地球公转时，得到的光和热的总量在同一地点会时多时少，这就是季节交替的原因。

四季的划分

北半球的西方国家以月份划分四季,一般是把3月到5月划为春季,6月到8月划为夏季,9月到11月划为秋季,12月到第二年的2月划为冬季。在同一时间段里,南半球的季节与北半球的正好相反。

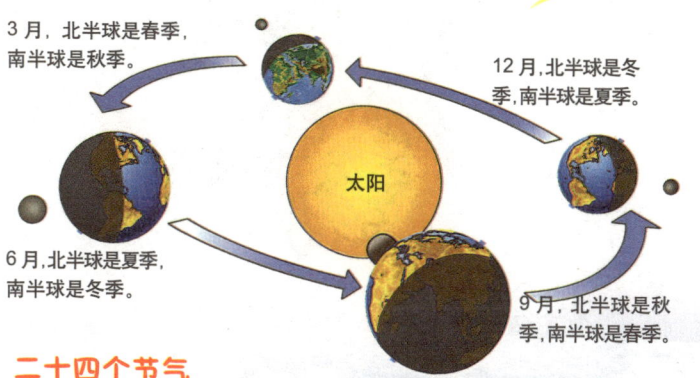

3月,北半球是春季,南半球是秋季。

12月,北半球是冬季,南半球是夏季。

6月,北半球是夏季,南半球是冬季。

9月,北半球是秋季,南半球是春季。

秋

多样的季节

季节是一年中气候和环境相差比较大的几个时间段,并且每年都会重复同一过程。不同的地区,其季节的划分也是不同的。对温带,特别是中国的气候而言,一年分为四季,即春季、夏季、秋季、冬季;热带草原上只有旱季和雨季;在寒带,则只有冬季。

二十四个节气

我国农历为了适应季节的变化制定了24个节气。它们是:立春、雨水、惊蛰、春分、清明、谷雨、立夏、小满、芒种、夏至、小暑、大暑、立秋、处暑、白露、秋分、寒露、霜降、立冬、小雪、大雪、冬至、小寒、大寒。其中,春分、夏至、秋分、冬至为四大节气,代表着四季的开始。

冬

白天过后是黑夜

每一个白天过后都是黑夜,日夜交替,一天又一天。但是白天和黑夜在一个昼夜中所占的时间并不是对等的。越是靠近两极,白天和黑夜相差的时间越长,到了极点,就会出现一整天都是白天或者黑夜的现象。

变化着的一天时间

一天的时间是23小时56分4秒,也就是地球自转一周的时间。但是,这个时间一直在延长。若把2000年以来每一天增加的时间加起来,则多了2个多小时。

白天与黑夜的更替

地球自转时,总是半面对着太阳。对着太阳的半面接受阳光照射,成为白天(昼);背着太阳的半面见不到太阳,成为黑夜(夜)。于是,白天、黑夜交替出现,就形成了昼夜更替。

白天时,灿烂的阳光照耀着大地。

Part1 地球的秘密

昼夜的长短随季节发生变化(按北京当地时间计)(刻度一天为24小时)

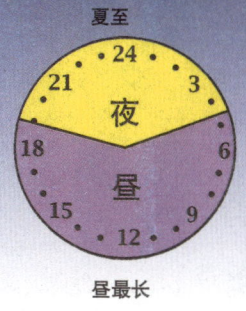
夏至
昼最长

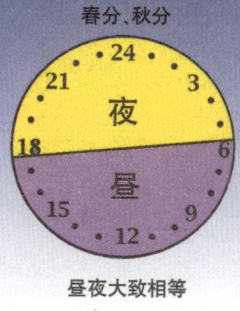
春分、秋分
昼夜大致相等

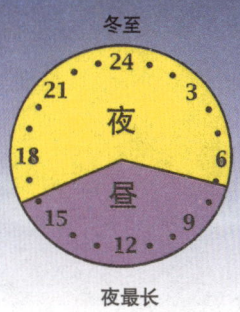
冬至
夜最长

昼夜的长短在变化

当北半球夏季来临时,太阳直射北回归线与赤道之间,赤道以北所有的白天都比夜晚时间长,而且越往北昼夜长短的差别越明显。相反,当北半球冬季来临时,赤道以南所有地方的白天都比夜晚时间长,而北半球则相反。

北极的极夜

昼弧与夜弧

天文学上,把地球昼夜更替的分界线叫作"晨昏圈"。晨昏圈把地球分为两部分。位于昼半球(即被太阳光照射的部分)的叫"昼弧",位于夜半球(即见不到太阳光的部分)的叫"夜弧"。

极昼和极夜

在北极圈和南极圈内,一年只有两个季节交替变化,半年是夏季,半年是冬季。夏季,太阳整日不落,叫作极昼;冬季,终日见不到太阳,叫作极夜。

39

第二章 地表的故事

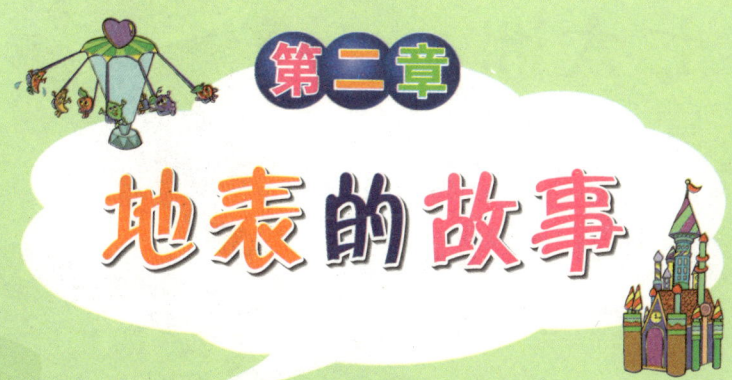

我们生活在一个千姿百态的世界里。地球表面上的陆地在水和风的侵蚀作用下一直在慢慢地改变：海水冲蚀出峭壁，河水造出峡谷，甚至最坚硬的岩石也会被侵蚀。这样年复一年，地表逐渐形成了高低起伏、形态各异的地貌。小朋友们想知道地球表面都会发生哪些变化吗？如果想知道的话就让我们一起走进这个奇妙的世界，去领略不同地表的万种风情吧！

世界七大洲

现在世界上的陆地分为七个大洲。按照面积的大小来排列，它们分别是亚洲、非洲、北美洲、南美洲、南极洲、欧洲和大洋洲。

亚洲和非洲

亚洲是世界第一大洲，它占全球陆地总面积的三分之一。亚洲的自然环境非常复杂，地形以高原为主，世界上最高的高原、山脉、山峰，最大最深的湖泊，最低的洼地都在亚洲。非洲的沙漠面积居各洲之首，世界上最大的沙漠——撒哈拉沙漠就在非洲。

小牛顿科学馆

水半球

海洋多、陆地少的半个地球被人们称为水半球。水半球的陆地占全球陆地总量的1/7，它主要包括南极洲、澳大利亚、新西兰、东南亚小部分以及南美洲的南端。

南北美洲和南极洲

南美洲是一个温暖的大陆，气候温暖湿润，矿藏丰富。北美洲大陆地形南北畅通，气候多变，容易受寒潮、飓风等灾害性气候的影响。南极洲位于地球的最南端，四周被海洋包围，整个大陆几乎被冰雪覆盖。

冰雪覆盖的南极

欧洲和大洋洲

欧洲地势平坦，平原占全洲总面积的比例较高。欧洲矿藏种类多，储量大。欧洲还是世界上工业最发达的地区之一。大洋洲是七大洲中面积最小的一个洲。大洋洲的主体——澳大利亚的动植物有着其他大陆所没有的特点。

奇特的动植物

澳大利亚有四分之三的动植物品种是其他地区所没有的，其中最具有代表性的是桉树、袋鼠、树袋熊、鸭嘴兽。这些奇特的动植物资源为人类研究古代生物的进化，提供了珍贵的资料。

澳大利亚特有的树袋熊

地球两极

极地植物

在南极,目前已经辨认出的地衣大约有400种,苔藓有75种,仅有4种开花植物是生活在南极圈以外的南极半岛上;而在北极圈内,地衣有3000多种,苔藓有500多种,各种各样的开花植物达900种之多。

地球的最南端和最北端分别是南极和北极。因为每年接受太阳光的热量很少,两极的气温非常低,终年覆盖着冰雪,气候非常恶劣。

冰天雪地的世界

南极大陆覆盖着厚厚的冰雪,几乎没有裸露的陆地,它是世界上最冷的大陆。全世界天然冰的90%都聚集在南极大陆。北极没有大陆,是一片被冰雪覆盖的海洋。

44

恶劣的气候

南极大陆的气候非常恶劣，狂风暴雪是这里最突出的气候特点。最冷的时候，南极的气温可以降到零下80℃以下。恶劣的自然环境使这里的生物很少，企鹅是南极最主要的动物。

北极熊

小牛顿科学馆

南极的冰

南极大陆冰层的平均厚度为1880米，最厚的厚度超过了4000米，它的高度甚至超过了一般的山脉。如果把这些冰全部融化，世界海洋水面会升高50~70米。

地球的最北端——北冰洋

地球的最北端就是北冰洋，所以它又叫北极海，它是世界上最小最浅的大洋。北冰洋的中央部分分布着各类浮冰，大部分海域为"永冰区"，生物资源非常匮乏。

南极的主人——企鹅

无处不在的岩石

岩石随处可见，我们已经知道的地壳实际就是岩石圈的一部分。在小河边、山脚下或公路旁，我们都能找到各种各样的岩石碎块。

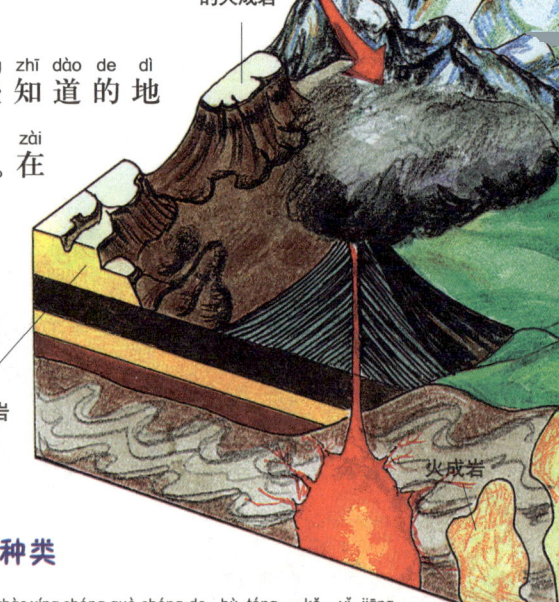

地面形成的火成岩

沉积岩

火成岩

岩石的种类

按照形成过程的不同，可以将岩石分为岩浆岩、沉积岩和变质岩三种。岩浆岩是由火山喷发出来的岩浆形成的；而我们平常看到的沙石绝大部分都是沉积岩；变质岩则是由其他岩石经过各种作用转变而成的。

花岗岩

岩石的种类

花岗岩是常见的岩浆岩，是非常坚硬的岩石，而且外表十分美观，常常呈现白、灰、黄、玫瑰红等颜色，其间还点缀着黑斑。花岗岩经过加工，可以制作成漂亮的建筑材料。

石灰石和大理石

石灰石属于分布很广的沉积岩。石灰石的用途很广，可以作为水泥和玻璃的原料。大理石是一种变质岩，通常呈现白色或者灰色，有美丽的光泽和花纹。质地均匀的白色大理石又称"汉白玉"。

小牛顿科学馆

识别岩石

大多数岩石是由小颗粒的矿物混合而成的。这些小颗粒相互间紧紧粘合在一起。我们可以通过颜色、硬度以及岩石晶体的结构来辨别岩石的种类。

孕育生命的土壤

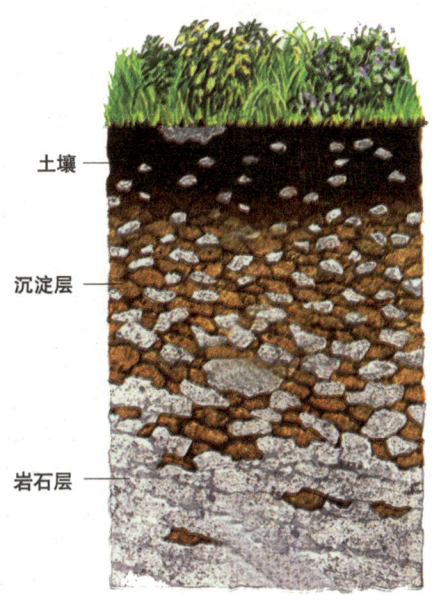

土壤与岩石层的分布图

土壤是地球陆地表面能生长植物的疏松表层,是矿物、有机物、空气和水的混合体。它通过岩石的风化和动植物的分解而形成。地球上除两极和沙漠外,大部分陆地都覆盖着土壤。

土壤的分层结构

土壤大致分为三个最基本的层次:表土层、心土层(生土层)、底土层(母土层)。土壤的下面是岩石,在土壤与岩石之间是各种物质的沉淀层,最上面就是我们经常见到的土壤。

土壤含有的科学信息

土壤是岩石圈表层与大气圈、水圈、生物圈长期相互作用的产物,同时土壤也记录了形成过程中丰富的气候、生物信息。通过对土壤的研究,有助于探寻地质历史上环境的演变历程。

土壤位于岩石圈的最上层。

Part2 地表的故事

土壤颗粒

土壤是由不同比例、粒径粗细不一，形状和组成各异的颗粒（土粒）组成的，土壤颗粒分为砾、砂、粉粒和粘粒。这些颗粒相互黏在一起，这使土壤看起来是一团一团、一块一块或一片一片的。

沙土结构

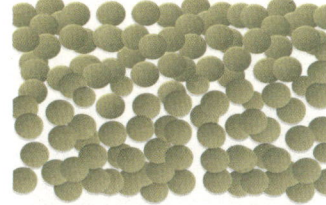
黏土结构

含肥土结构

小牛顿科学馆

腐殖土

腐殖土是土壤中最上层的土，它给植物提供了生长所需要的营养成分。腐殖土有很强的吸水能力，还可以提高土壤的透气性。而且，它的颜色比较深，有利于吸收阳光，提高土壤的温度。

土壤里的生命

土壤里并不是只有沙粒和泥土，还含有许多种类的生物，包括细菌、藻类、节肢动物和一些冬眠的动物。应该说土壤里的蚯蚓功劳很大，它的蠕动能给土壤带来更多的空气，从而提高土壤的肥力。

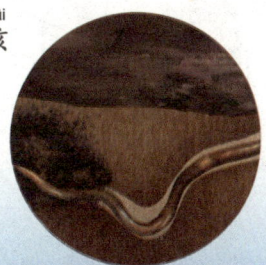
土壤里的蚯蚓

绵延起伏的山脉

山脉是陆地上一种隆起的地貌。它具有较大的高度和坡度。山脉一般都在海拔500米以上。山脉是地球上最壮丽的自然景观之一,那里峰岭连绵,沟谷纵横。

小牛顿科学馆

闭塞的交通

在山区,行路难。山区修路要修建大量的桥梁和隧道。因为工程量大,投资高,所以,山区的公路和铁路都很少。山区的河流由于地势险峻,也无法通航,因此,山区常常是人口比较稀少、经济比较落后的地区。

山脉和山系

山脉是一组沿同一方向有规律分布的山峰,连续的多条山脉就构成了庞大的山系。例如喜马拉雅山脉、阿尔卑斯山脉和阿特拉斯山脉就构成了横贯亚洲、欧洲和非洲的横向山系。

褶皱山与火山山

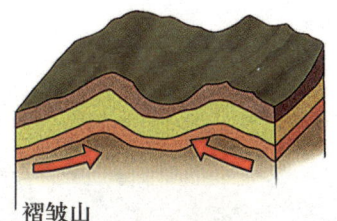
褶皱山

褶皱山是地壳的岩石圈向上弯曲拱起而形成的。褶皱山常常形成规模巨大的山系。火山山是火山喷发时产生的大量火山灰等物质堆积下来形成的山。

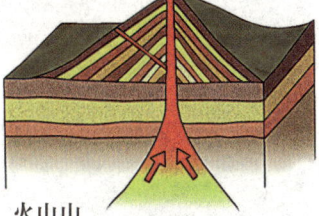
火山山

梯田

山地地形崎岖，可以种植农作物的土地十分稀少。住在山区的居民就把一段段山坡修改成平坦的田地。这样，沿着山的坡向，就形成了一层高过一层的带状平地，这种平地就是梯田。

断块山与冠状山

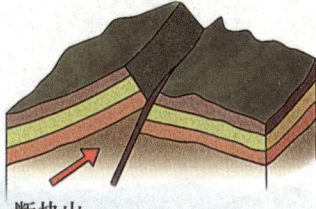
断块山

断块山是地壳发生断裂，巨大的岩石挤压向上升起后形成的。它的山脚下常常有许多像台阶一样的地形，这证明它是一点点抬升起来的。冠状山是向上涌出的岩浆使地壳岩石向上隆起后形成的。它的形状就像一顶帽子。

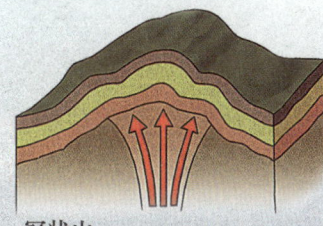
冠状山

走过平原

在陆地上，地表面低于海拔200米的那部分土地，我们叫它平原。平原面积广阔、地势平坦，是人类最主要的居住地。

冲积平原

冲积平原主要分布在大江、大河的中下游两岸地区或者山间盆地地区，是由水流携带的泥沙慢慢堆积下来形成的。这里地势平坦、土壤肥沃，非常适合农业的发展。

河流的泥沙停留了下来。

河流渐渐漫开，呈扇子形。

"扇面"扩大，最后形成平原。

冲积平原的形成

平原的形成

世界上几乎所有的大平原，都是河流冲积的产物。河流对于地表的夷平作用非常巨大，它一方面不断拓宽河床，一方面把大量泥沙堆积在河流两岸沉积起来。日积月累，凹地被填平了，广袤的平原就诞生了。

Part2 地表的故事

三角洲

三角洲是河流进入大海或者湖泊之前形成的三角形冲积地区。我国主要的三角洲有长江三角洲、黄河三角洲和珠江三角洲。其中长江三角洲是我国人口最稠密的地区。

最大的平原

世界上最大的平原是亚马孙平原,占整个巴西面积的1/3。这里地势平坦,河流蜿蜒流淌,还有许多湖泊。这里气候的主要特点是高温、多雨、潮湿。亚马孙平原蕴含着世界最丰富多样的动植物资源,各类物种多达数百万。

亚马孙平原

我国的主要平原

我们国家主要的平原包括位于大、小兴安岭和长白山之间的东北平原,长江中下游平原以及华北平原、成都平原等。东北平原是中国面积最大的平原,它由三部分组成:北部的松嫩平原,南部的辽河平原,东北部的三江平原。

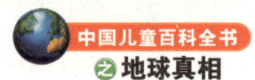

xiàng pén zi yī yàng de pén dì
像盆子一样的盆地

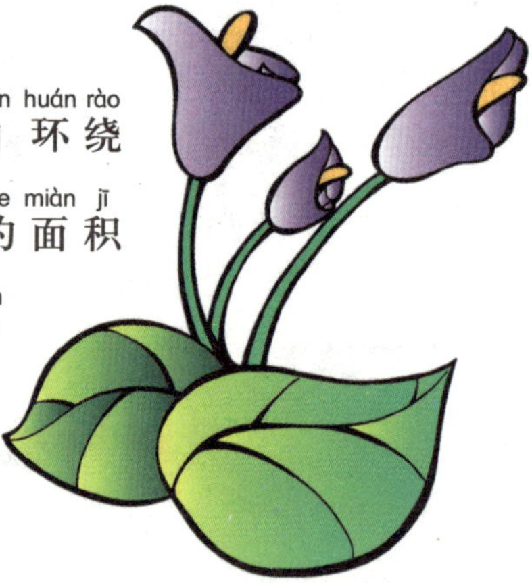

lù dì shang dì shì bǐ jiào píng tǎn sì zhōu bèi qún shān huán rào
陆地上地势比较平坦，四周被群山环绕
de fēng bì shì pén zhuàng qū yù chēng zuò pén dì pén dì de miàn jī
的封闭式盆状区域，称作盆地。盆地的面积
yǒu dà yǒu xiǎo yī xiē xiǎo de pén dì zhǐ yǒu jǐ píng fāng qiān
有大有小，一些小的盆地只有几平方千
mǐ dào jǐ shí píng fāng qiān mǐ ér jiào dà de pén dì bǐ
米到几十平方千米，而较大的盆地比
zhōng guó dōng bù yī ge shěng hái yào dà
中国东部一个省还要大。

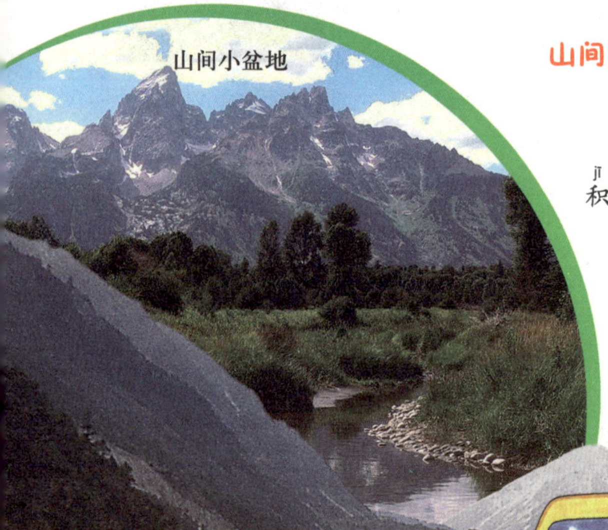
山间小盆地

山间盆地

shān jiān pén dì shì shān qū zuì cháng jiàn de miàn
山间盆地是山区最常见的面
jī bǐ jiào xiǎo de pén dì suī rán miàn jī bù dà
积比较小的盆地。虽然面积不大，
què shì shān qū jīng jì zuì fā dá de dì qū
却是山区经济最发达的地区。
zhè yǔ pén dì píng tǎn de dì biǎo hé bǐ jiào yōu
这与盆地平坦的地表和比较优
yuè de shuǐ lì zī yuán yǒu guān
越的水利资源有关。

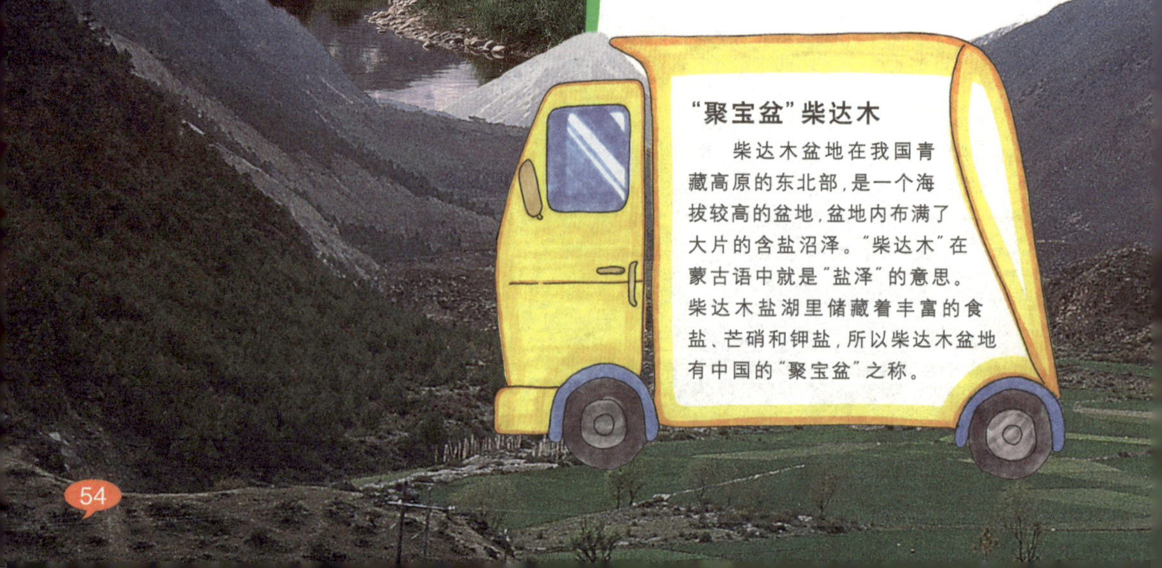

“聚宝盆”柴达木

柴达木盆地在我国青藏高原的东北部，是一个海拔较高的盆地，盆地内布满了大片的含盐沼泽。“柴达木”在蒙古语中就是“盐泽”的意思。柴达木盐湖里储藏着丰富的食盐、芒硝和钾盐，所以柴达木盆地有中国的“聚宝盆”之称。

Part2 地表的故事

内流盆地

如果盆地的周围地势比较高,河流只能进入盆地,不能流出盆地,这种盆地就是内流盆地。内流盆地大多出现在内陆地区,我国青海的柴达木盆地、新疆的塔里木盆地就是这样的盆地。

面积广阔的外流盆地

外流盆地

有些盆地不像一个完整的圆盆,而是在盆边上留有缺口,有河流从中穿过,直通大海。这样的盆地叫外流盆地。外流盆地水源充足,地势平坦,土地肥沃,是人类生产、生活的好地方。

小牛顿科学馆

富饶的盆地

盆地四周高,中间低,独特的地形决定了四周山地的河流不停地流入盆地。河流既给盆地带来大量的泥沙,也带来大量有用的矿物和有机质。这些物质堆积在盆地里,天长日久就形成了丰富的矿产。所以盆地是世界上矿产最丰富的地区之一。

沙子组成的海洋——沙漠

沙漠是地球上干旱地区最常见的景观，不论在热带还是温带，都有广泛的分布。沙漠终年干旱少雨，风沙大，地表缺水，植被稀少。沙漠还有一个特征，就是气温变化剧烈。

高温沙漠和酷寒沙漠

一些沙漠是高温沙漠，例如非洲的撒哈拉沙漠。另一些沙漠如中国的塔克拉玛干沙漠，是连白天都是低温的酷寒沙漠。甚至在南极洲被冰所封的陆地上也有沙漠，它被人们称作极地沙漠。

沙丘的不同种类

沙丘是沙漠的主要特征，是在风的作用下堆积成的小沙山。如果风向保持不变，就会形成平行沙丘。如果风从好几个方向吹来，就会形成星星状沙丘。而通常沙丘的形状就像一轮弯弯的月亮。

新月沙丘

纵向沙丘

横向沙丘

沙漠之泉——绿洲

每当夏季来临,融化的雪水就会流入沙漠的低谷,渗进沙漠深处。这些地下水流到沙漠的低洼地带,就会涌出地面形成湖泊。湖泊周围往往长着茂盛的植物,形成生机勃勃的绿洲。

沙漠中的植物

沙漠景观

沙漠中的仙人掌

除了绿洲外,沙漠里的其他地方也生长着植物,仙人掌就是其中一类。为了减少水分的散失,仙人掌的叶子演化成短刺,而根茎也变成肥厚含水的形状,以适应沙漠缺水的环境。

撒哈拉沙漠

撒哈拉沙漠是世界上最大的沙漠,它位于北纬14°以北,横贯非洲大陆北部,东西长达5600千米,南北宽约1600千米,面积约960万平方千米,约占非洲总面积的32%。

中国儿童百科全书 之 地球真相

风吹草低见牛羊——草原

草原的面积可不小，它几乎占全球陆地面积的1/4。生活在草原上的人们大都过着游牧生活。草原大多分布在温带半湿润或半干旱地区，那里主要生长着草本植物和以草为食的动物。

草场的退化

由于过度放牧，现在，大片草场出现了退化现象。优良的牧草正在减少，生产量开始下降。有的草场因为不合理地农耕，造成了草原沙化和水土流失。

草原的气候

草原地区的气候属于大陆性气候，它的降水量少，每年大约为250~500毫米。夏季是草原的多雨季节，而其他季节，雨水就很少了。草原的降雨也不均匀，有的年份比较多，而有的年份就少得可怜。

Part2
地表的故事

草原的生态作用

草原不仅景色优美，还有很重要的生态作用。草原不仅是现代化畜牧业的基地，而且能够调节气候、涵养水源、保持水土、防风固沙。它是保护大自然生态平衡的重要因素。

世界主要草原分布图

草原风光

世界上主要的草原

世界上主要的草原有欧亚草原区和北美草原区。欧亚草原区从欧洲多瑙河下游起，向东一直延伸到中国东北的松辽平原。北美草原区从加拿大到美国的德克萨斯州，那里几乎是牧草和牛羊的天下。

世界上最大的草原

世界上最大的草原是位于阿根廷的潘帕斯草原。潘帕斯草原的面积约为76万平方千米，那里气候温暖湿润，平坦的原野无边无际。现在，潘帕斯草原的大部分土地已经被开垦为农田和牧场。

黄土高原

中国的黄土高原是世界上独一无二的地形区，它主要分布在陕西秦岭以北、山西全境、甘肃东部。这里地表被厚厚的黄土覆盖着，平均厚度为三四十米，最大厚度超过了200米。

流经黄土高原的黄河（壶口流域）

黄土高原的水土流失

黄土高原是我国水土流失最严重的地区。历史上的黄土高原曾经是典型的森林草原区，地面生长着茂盛的草木，并不像现在这样支离破碎。可是由于人类长时间的开垦和砍伐，丰美的草场和茂密的森林已经退化成了沟壑纵横、草木稀少的荒原。

雨水夹杂着黄土高原的泥土流入黄河，使河水变成了黄色。

破碎的黄土高原

黄土高原上的黄土土质坚硬，可是一遇到雨水就会变软，甚至变成稠泥汤顺坡流下。高原地面坡度较大，植被稀疏，夏季又多暴雨，所以流水对地表的侵蚀作用特别强烈。

黄土高原的地形

独特的自然环境造就了黄土高原上独特的黄土地形——塬、梁、峁。塬是黄土高原良好的耕作区，它的四周虽然被流水强烈地冲刷，但顶面比较平坦。顶面窄，两边被雨水冲刷成沟谷的高地叫作梁。梁进一步被冲刷，就会形成彼此独立的黄土丘，这就是峁。

小牛顿科学馆

黄土高原上的独特民居——窑洞

黄土高原的独特地形造就了黄土高原的独特民居——窑洞。黄土层极难渗水，直立性又很强，非常适合开凿窑洞。同时，黄土高原气候干燥少雨、冬季寒冷、木材较少，而建造窑洞不需要木材，十分经济。

贫瘠的黄土高原

黄土高原地处半干旱气候带，年降水量少。如果遇到干旱的年份，就会出现水荒，不仅地里的庄稼颗粒无收，连人畜饮水也会出现困难。因此，黄土高原的大部分地区是中国最贫穷的地区之一。

动植物的天堂——森林

森林是陆地上长满树木的地区。那里生长着各种各样的绿色植被，也生活着许多大大小小的动物，简直就是动植物的天堂。在陆地上，森林分布范围相对广阔，约占陆地面积的30%。

某些巨大树木超出林冠。

离地面30~40米的茂密的森林顶部形成"林冠"。

离地面10米以下的是灌木层，大多数动物生活在这里。

森林剖面图

地球之肺

人们通常所说的"地球之肺"，指的是热带雨林。地球上的热带雨林主要分布在赤道南北两侧，是动植物种类非常丰富的地区。这里气候终年湿热，植物茂盛，能大量吸收空气中的二氧化碳，释放大量的氧气，有效地调节气候，因而被誉为"地球之肺"。

针叶林

针叶林是以松柏类针叶树为主的森林，具有很长的寿命。针叶树叶子的形状大部分都呈针状，主要功能是避免树木在严寒的季节里被严重冻伤而导致死亡。欧洲——西伯利亚的针叶林是世界上最大的针叶林。

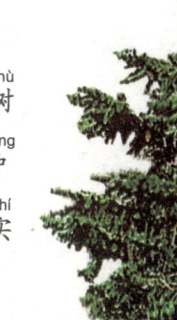

针叶树

森林的生态系统

森林中虽然以乔木为主，但也有灌木、草本、地衣及藓苔等植物共同生存。这些植物与各种动物共同形成了森林的生态系统。森林里的动物依赖森林维持生活，而森林中的植物也靠着各种生物相互间的作用，茁壮成长。

阔叶林

阔叶林是以叶子形状宽阔的树木为主的森林。杨树、栎树、桦树都属于阔叶树木。阔叶树木结出的果实种类很多，因而阔叶林中生活着很多以果实为食的动物。

落叶林

落叶林是具有明显季节性的森林类型。由于有落叶，所以泥土比较肥沃，并能保存大量水分。由于春夏两季有充足的阳光，此时的落叶树木生长得最快。落叶树木的叶子在秋季时会变成红色或黄色，并会飘落。

洞穴天地

除了高山、平原等地形外,洞穴也是陆地表面的基本形态。很久以前,原始人大都居住在山洞里。而现在发现的山洞主要被开发成了旅游资源。一些偏僻的山洞则成了探险家最喜欢光顾的地方。

落水洞

落水洞有时也称"无底洞"或"天然井",是地表水流沿石灰岩岩层进行侵蚀时形成的垂直洞穴,是地表水流入地下河的主要通道。落水洞形态不一,有的深度可达100米以上。

石笋

石笋是石钟乳的亲密伙伴。当洞顶上的水滴落下来时,里面所含有的石灰质在地面上一点点沉积起来,好像一根根冒出地面的竹笋。由于石笋比较牢固,所以它的生长速度比石钟乳快。

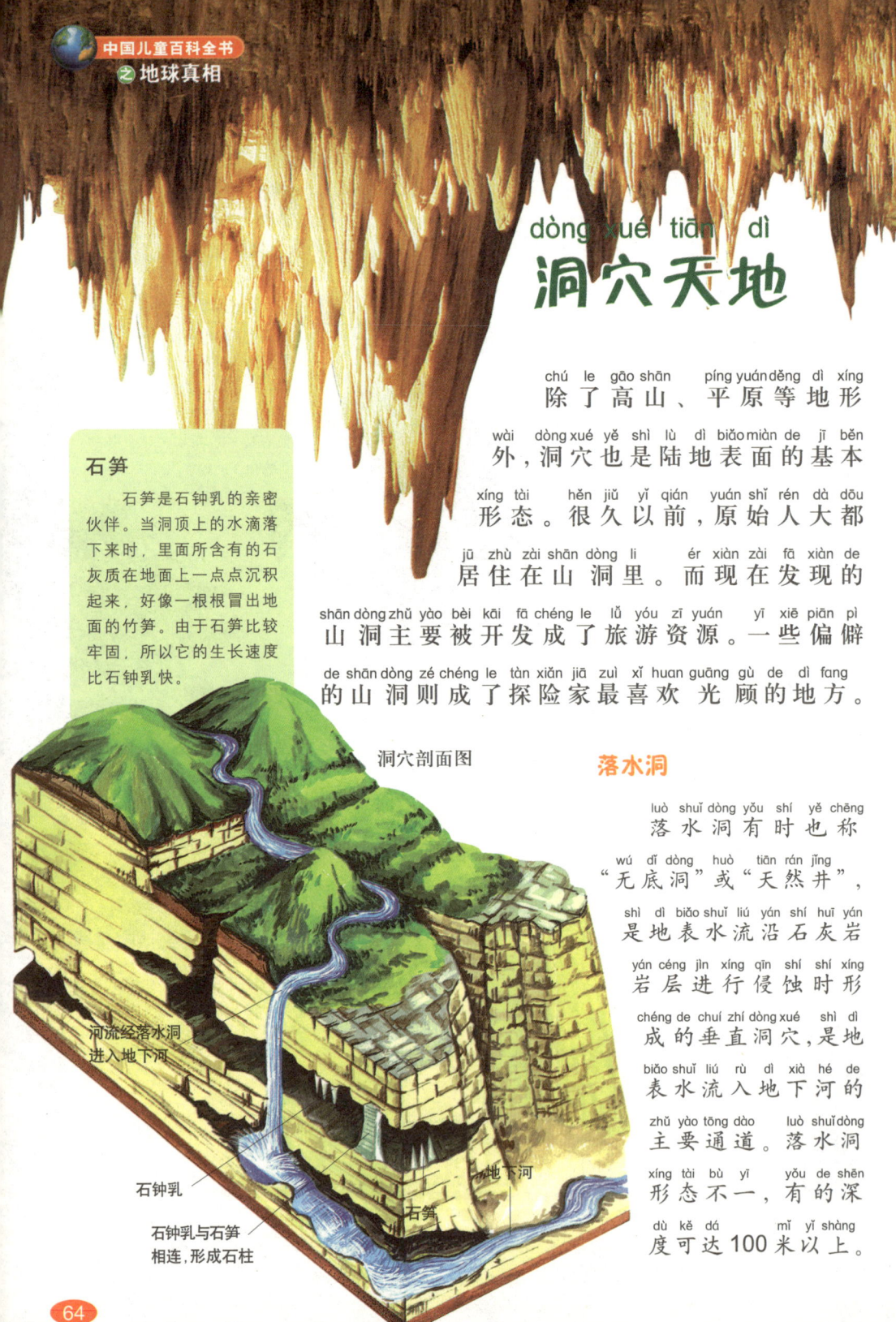

洞穴剖面图

河流经落水洞进入地下河

石钟乳

石钟乳与石笋相连,形成石柱

地下河

石笋

熔岩洞

熔岩洞是火山喷发后形成的洞穴。当火山喷发时，流出的熔岩表面凝结而底部仍在流动，又无新的岩浆补充，当底部的岩浆流走后，便形成了形似隧道的洞穴。熔岩洞的探险旅游价值非常大。

美丽的洞穴

冰洞

在一些融水多、面积大的冰川里，冰川内形成了奇特的冰内河流。当冰内河流从冰舌末端流出时，往往冲蚀成幽深的冰洞。冰洞有单式的，有树枝状的，有的洞内有洞。洞中冰柱林立，冰钟乳悬连，洞壁的花纹十分美丽。

小牛顿科学馆

石钟乳

从溶洞的顶部裂缝渗透出来的石灰水黏附在洞顶，开始只形成一个石灰小突起，然后逐渐变大延伸，久而久之便形成了钟状的石钟乳。石钟乳的生长速度十分缓慢，大约几百年才长一厘米。

石钟乳

hé liú dà dì de xuè mài
河流：大地的血脉

hé liú yùn yù zhe dì qiú shang de shēng mìng shì rén
河流孕育着地球上的生命，是人
lèi jiā yuán de xuè mài tā men zài dà dì shang wān yán qū
类家园的血脉。它们在大地上蜿蜒曲
zhé zuì zhōng huì rù dà hǎi hé liú duì dì qiú biǎo miàn de
折，最终汇入大海。河流对地球表面的
xíng tài yǐng xiǎng shí fēn jù dà tā kě yǐ bǎ gāo yuán yí wéi
形态影响十分巨大，它可以把高原夷为
píng dì yě kě yǐ bǎ gāo shān qiē gē chéng shēn gǔ
平地，也可以把高山切割成深谷。

亚马孙河

南美洲的亚马孙河是世界上最长的河流之一，总长约6480千米。它是世界上当之无愧的流量最大的河流：在地球全部河流的水量中，亚马孙河大约占1/5。

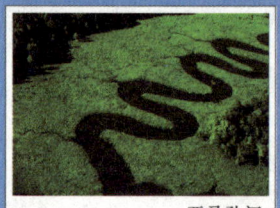

亚马孙河

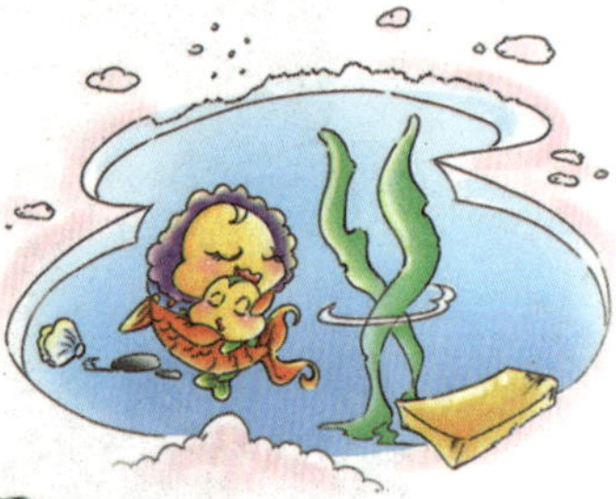

河源在哪里

hé yuán jiù shì hé liú de fā yuán dì tōng cháng zài shān li
河源就是河流的发源地，通常在山里。
hé yuán jiāng xiǎo de quán shuǐ huò cóng gāo shān shang róng huà de xuě shuǐ
河源将小的泉水或从高山上融化的雪水
huì jí qǐ lái rán hòu qí tā liú shuǐ hé yǔ shuǐ fēn fēn jiā rù
汇集起来，然后其他流水和雨水纷纷加入，
zuì hòu xíng chéng dà hé liú
最后形成大河流。

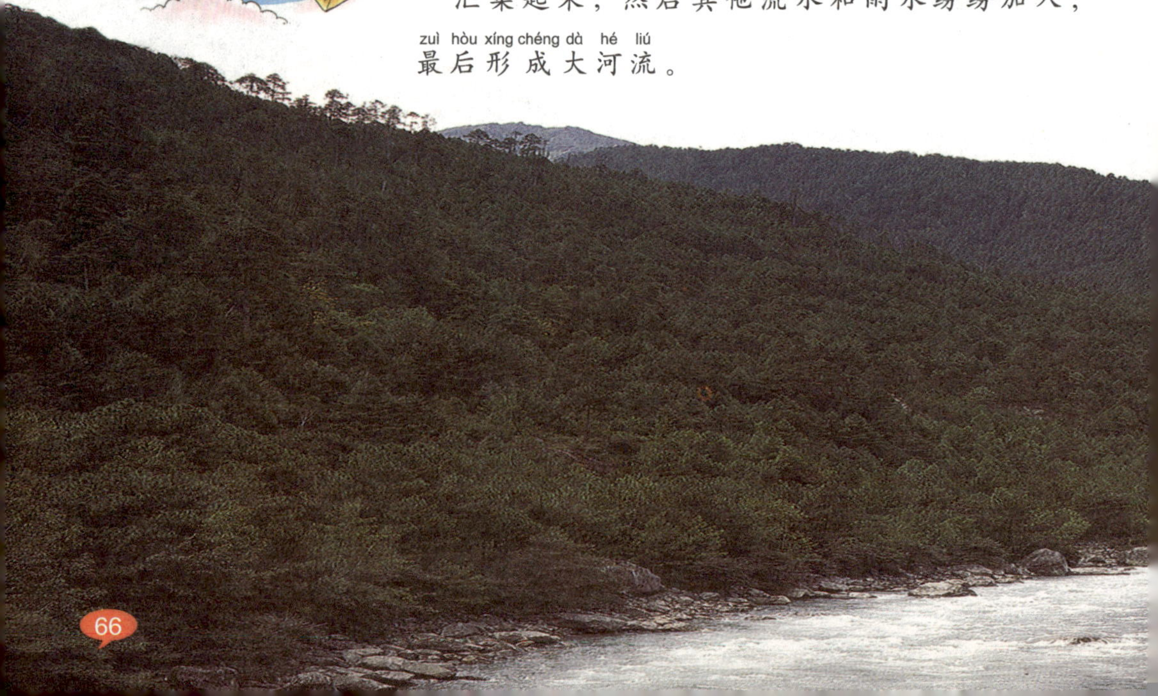

Part2 地表的故事

河流行程示意图

- 冰川、湖泊、泉水都可以成为河流的源头
- 上游
- 中游
- 支流
- 下游

河流总是弯曲的

河流在进行过程中并不是一路畅通的，它总会遇到不同的障碍。如果河岸比较容易被破坏，水流就会冲开它向前流。如果河岸比较坚固，水流就会绕着它前进。所以，整条河流看起来总是弯弯曲曲的。

小牛顿科学馆

锅穴

锅穴是江河岩石中的凹穴，直径从几厘米到几米不等。锅穴的底部是石块。夹杂着石头的快速流动的漩涡，摩擦河流底部的岩石形成锅穴，同时石头也被磨小。

人工河流——运河

运河是人工开辟的"河流"。在靠近海洋的陆地上开凿的运河，主要供航海的船舶使用，如沟通印度洋和大西洋的苏伊士运河和沟通太平洋和大西洋的巴拿马运河。

湖泊：人类的天然水库

如果我们从空中俯视陆地，就会发现一个个湖泊像一面面宝镜镶嵌在大地上。湖泊是陆地上天然洼地中蓄积的水，也是人类最宝贵的水资源。湖泊中的水有的是淡水，有的是咸水。

世界上最大的淡水湖泊

世界上最大的淡水湖泊是位于亚洲东北部、俄罗斯境内的贝加尔湖，它的平均水深为730米。湖中有植物600多种，水生动物1200多种，其中700多种为贝加尔湖所特有的，如贝加尔海豹等。

湖泊的一生

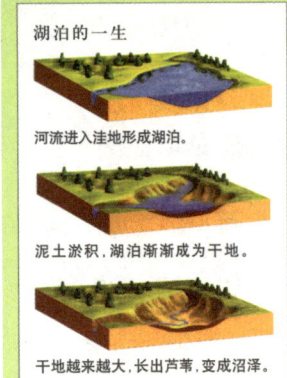

河流进入洼地形成湖泊。

泥土淤积，湖泊渐渐成为干地。

干地越来越大，长出芦苇，变成沼泽。

火山口湖的形成

火山喷发。

岩浆池变小。

地面失去平衡而塌陷。

经雨水汇聚成湖。

火山口湖

火山喷发后形成的火山口经雨水汇聚就形成了火山口湖。它四周一般被高大的山峰所环绕，远远望去呈锥状。火山口湖面积不大，湖水较深，附近还会出现许多温泉。我国吉林省的长白山天池就是火山口湖。

Part2 地表的故事

堰塞湖

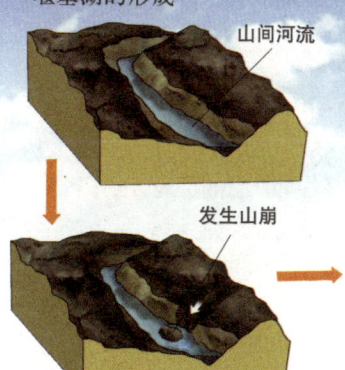

堰塞湖的形成
山间河流
发生山崩
河流上游形成湖泊
下游一般都会伴随着出现一个大瀑布。

火山喷发、地震等原因会引起山崩，大量淤泥和石块把高处的水流拥堵起来，最后就形成了湖泊，这就是堰塞湖。这些湖泊大小各异，有的像树叶，有的呈条形，水深一般2~5米。

外流湖和内流湖

外流湖与河流相连，最终流入海洋，湖水从一侧流入，从另一侧流出，同时带走水中的盐分。外流湖的补给多以雨水为主。内流湖的湖水只有通道向内流淌，由于蒸发作用，水中的盐分都留在了湖里，并越集越多。因此外流湖通常是淡水湖，而内流湖往往是咸水湖。

小牛顿科学馆

牛轭湖的形成

"牛轭"是耕牛脖子上套的弯木，弯木上固定着拉犁的绳子。平原地区的河流一般都流速缓慢，弯弯曲曲。当发大水时，河流弯曲部分经常被冲开，河流逐渐取直的河道，原来绕弯的部分就形成了像弯月一样的牛轭湖。

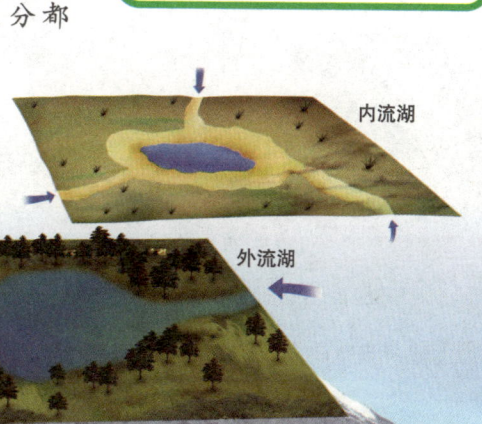

内流湖

外流湖

泉水叮咚

我们在公园里经常可以见到人工喷水的喷泉，小朋友们见过自然界里的喷泉吗？自然界的泉水有各种各样的形式，有的是热热的温泉，有的是冰冷的泉水；有的是间歇性喷涌的间歇泉；有的还含有对人体非常有益处的矿物质呢。

泉水的来源

地下水主要是由雨水和雪水渗透到地下形成的。另外，一部分地下水也来自土壤中水汽的直接凝结。地下水流出地表后就是泉水。

喷泉是怎样形成的

天然喷泉的产生是受蒸汽压力的结果。当地下水受到岩浆的加热，并达到100℃以上时，形成的水蒸气便能够使其他地下水突然喷出地表，形成喷泉。

天然形成的喷泉

喷泉的形成

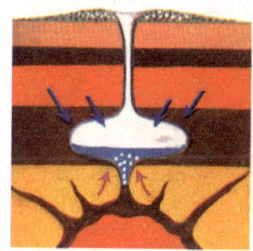

地下水积存于地下的空间。

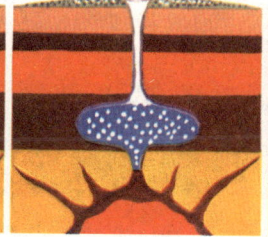

水受岩浆加热而沸腾。

地下水在蒸汽的压力下喷出地面。

温泉

喷流出地表的温度较高的泉，就是温泉。有的温泉喷出地表，有的缓缓流出，这是由地下水所受压力的大小决定的。泉水含有特殊的化学成分，自古就是人们用来保健的天然资源。含矿物质的温泉经过加工，还可以制成矿泉水。

小牛顿科学馆

泉水的用途

泉水是重要的生活水源，它经过岩层的层层过滤，水质清凉纯净、甘甜可口。因为泉水富含矿物质，所以是酿酒、调配饮料的最佳水源。温泉还可以用来保护水生植物和鱼类过冬，甚至能够帮助孵化小鸡。

间歇泉

喷出地表的泉水又慢慢渗入地下，并在地下重新汇集，然后再受热，又随水蒸气喷出来。像这样周期性循环的喷泉，就是间歇泉。

飞流直下三千尺——瀑布

河流在奔流的途中，常常会遇到一些悬崖、陡壁。水流从陡峭的崖壁上飞泻下来，就像给峭壁挂上了一层"白布"，这就是瀑布。瀑布水流的大小会随着季节的变化而改变。

落差最大的瀑布

世界上落差最大的瀑布是南美洲委内瑞拉的安赫尔瀑布。安赫尔瀑布的第一级由山顶直泻到下面的一个岩石平台上，落差807米；接着又向下跌到172米下的谷地，总落差达979米。

壮观的瀑布

瀑下有深潭

瀑布由上而下的冲击力相当大，船行驶到靠近瀑布的地方都要绕行。在多雨季节里，强大的瀑布水柱一直倾泻到下面的岩石上，使得它们渐渐磨损，久而久之便形成一个大大的凹洞，于是瀑布下的深潭便产生了。

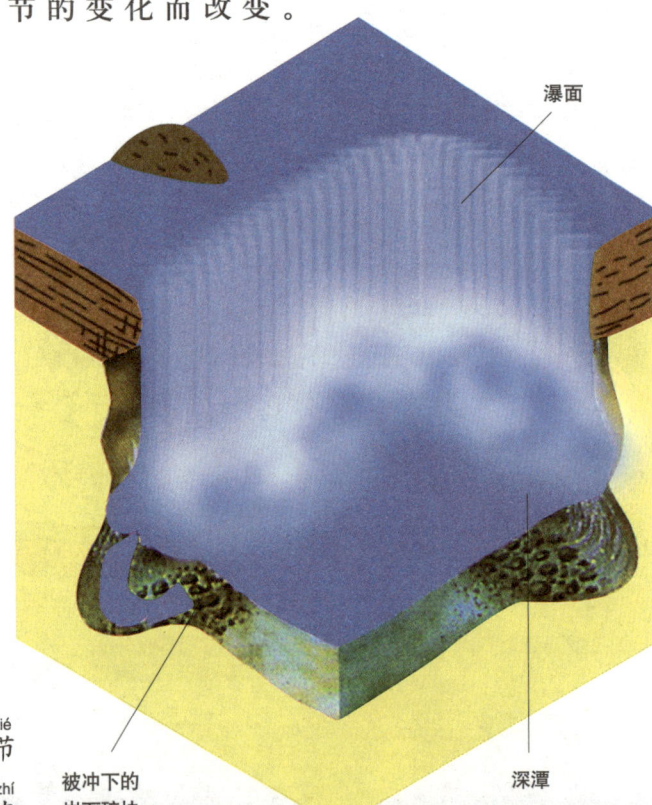

瀑面

被冲下的岩石碎块

深潭

瀑布的结构

瀑布的四季

瀑布多在降雨量大的春天和夏天形成"飞流直下三千尺"的场景。那么，冬天的瀑布会是什么样呢？由于水流量的减少，南方的瀑布会在冬天变得轻盈，像轻纱一样，而北方的瀑布则会冻成冰，静止不动。

瀑布下一般都会形成很深的水潭。

瀑布最终会消失

瀑布最终会消失，因为造成瀑布的悬崖在水流的强力冲击下将不断地坍塌，使得瀑布向上游方向后退，并不断地降低高度，最终导致瀑布现象的消失。

会移动的瀑布

尼亚加拉瀑布位于加拿大与美国的交界处的尼亚加拉河上。尼亚加拉峡谷独特的地质条件，使得构成瀑布的岩石不断被水流冲刷，瀑布在1842年至1905年间平均每年向上游方向移动170厘米。

流动的冰——冰川

由落在高山上的常年积雪形成的巨大的会流动的冰体,称为冰川。在寒冷的极地地区、高山地区以及南北极附近的大陆,除了常年有雪覆盖地表外,冰川是很常见的。那儿看上去是一个晶莹剔透的白色世界。

高山冰川运动示意图

- 冰川的源头
- 冰川的尽头
- 冰川表面深深的裂痕称为冰隙。
- 融化的冰川形成溪流。
- 冰块移动形成的地形也称冰碛。
- 受到侵蚀的岩石夹杂在两条汇合的冰川中向下滑动。

冰川是固体水库

冰川像一个固体水库,储存着大量的淡水,可以用来开发干旱地区、改造沙漠,发展农业生产。然而,由于全球气候逐渐变暖,有些冰川已经开始融化。

向下游移动的冰川

冰川的形成

当新雪落下来时,一座冰川就开始形成。雪沉积下来,雪花间的空气被挤压出去,密度逐渐变大。当更多的雪降下来以后,雪就会被压紧成为冰川。

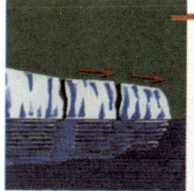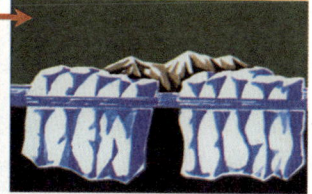

南极大陆的冰川陷入海中，通常顶部较平坦，体积也比较大。

北极的冰川顶部滑落海中，形成尖尖的"山顶"。

冰舌

冰川在它自身重力的作用下蜿蜒而下，在靠近海边或山脚的地方会形成长短不一的像舌头一样的冰体，人们形象地叫它"冰舌"。在冰舌的前端还会形成许多形态奇特的冰峰，像一座座宝塔。

冰山

冰山是漂浮在海面上的巨大冰块。露出海面的冰山高度可达上百米，但这只占它全部体积的 1/5~1/7。隐藏在水下的冰体对船舶的威胁很大，所以航行的船只如果遇到冰山，离它越远就越安全。

小牛顿科学馆

冰川揭示过去

地球气候几千年来的历史都包裹在南极洲的冰川中。那里的落雪中包含着落雪当年的实际情况。通过检测从深层冰内取出的冰核，人们有可能获知温暖和寒冷的具体时间。

地球上的水

地球上的水很多，总水量大约为13.6亿立方千米。这么多的水在地球上的分布是极不均匀的，其中97.3%分布在海洋中，冰川所储藏的水仅占总水量的2.14%，其余很少的水分布在土壤、地下、湖泊和江河里。

海水为什么是苦咸的

海水是咸的，因为海水中含有大量的盐分。这里所说的盐，是化学概念上的盐，它包括我们日常所吃的食盐。但是，海水中还包含着其他成分，比如氯化钾、氯化镁等，所以海水还有苦味。

大气中水的循环

在水的大循环中，大气圈中水的循环占有非常重要的位置。水从海洋中蒸发为气体，以气团的形式被带到空中，这是大气中水的主要来源。在适当的条件下，大气中的水汽又形成雨雪降落下来，然后又以河流、湖泊等地表水或地下水的形式返回海洋。

海水的颜色

海水在一般情况下是蓝绿色的,海水的颜色是由海洋表面的海水反射太阳光的颜色决定的。当阳光照到海面上时,海水很快把阳光中的红色、橙色和黄色光吸收了,而蓝色和绿色光在海水中渗透得最深,因此被海水散射和折射得最多。因此海水看上去为蓝色或者绿色。

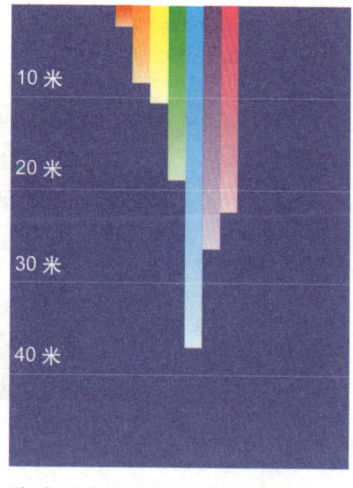

海水对太阳光线的吸收反射图

从太空上看,地球表面一片蔚蓝。

海水的深度与压力

海水压力是指海水中某一点的压力。海水的压力与海水的深度有什么关系呢?人们通过计算得知,海水的深度每增加10米,压力就会增加约一个大气压。所以海里越深的地方压力越大。

小牛顿科学馆

声波在海水中的传播

声波在海水中的传播速度比在空气中快5倍。海水中的悬浮颗粒、浮游生物以及鱼群等,都对声波有吸收作用,而且还会发生反射和散射。因此,人们可以利用声波来测量海水的深度、探测鱼群、沉船和潜艇的方位。

地球四大洋

熔融的地表冷却时,火山爆发喷出混合气体,形成早期的大气。

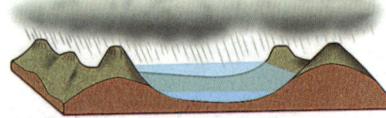

水汽在大气中凝结成雨降下,雨水便灌满广阔的低地。

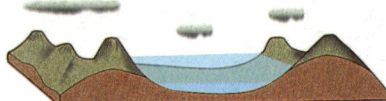

地球冷却,火山喷发逐渐减少。这些巨大的水洼就变成了海洋。

海洋形成示意图

地球上71%的面积都被海水覆盖,陆地分散在海洋中间把广大的水面分成了4个相通的大洋,我们分别把它们称作太平洋、大西洋、印度洋和北冰洋。

太平洋

太平洋位于亚洲、大洋洲、南美洲、北美洲、南极洲之间,面积为17968万平方千米,是世界第一大洋。

太平洋名字的由来

1521年3月,麦哲伦环球航行经过太平洋时,恰巧没有遇到风暴,而且东南信风稳定地吹拂,使他们一帆风顺地到达了亚洲东南部。因此,他们给这个大洋定名为"太平洋"。其实,太平洋并不太平,经常有台风和大浪兴起。

风平浪静的太平洋

Part2 地表的故事

大西洋

大西洋在欧洲、非洲、美洲和南极洲之间，是世界第二大洋。它的面积是太平洋面积的一半。但是，它正在拼命扩张。说不定在遥远的将来，它的面积会赶上或超过太平洋。

北冰洋与印度洋

北冰洋位于北极圈内。自从1650年荷兰探险家首次对北极进行了探险之后，人们才开始对这个海域有了更多的认识。北冰洋上岛屿众多，海面的岛屿都覆盖着冰雪。印度洋位于印度半岛南面。它大部分区域在热带，洋面上的热带风暴较多，常造成巨大的灾难。

海洋中的珊瑚与鱼群

海洋

海洋分为洋和海。海洋的主体是洋，它远离大陆，大多数水深在2000米以上。海是大洋的边缘部分，与陆地相连，面积和深度比大洋小得多。

海底世界

海洋的底部是什么样的呢？早期，由于科学技术等条件的限制，人们很难了解出海底世界的真实情况。但是现在，人们已经知道海底和陆地一样，也有巨大的山脉、深深的海沟、深海大平原以及丘陵。

发现大西洋中脊

19世纪70年代，英国科学考察船"挑战者号"在进行为期4年的环球科学考察时发现，大西洋中部洋底是一块高地。后来人们经过进一步调查发现，在大西洋的中部有一条南北走向的巨型山脉。由于它的形状像人的脊椎，于是人们就称这条海底山脉为大西洋中脊。

大陆架

大陆架是指大陆与海洋相连接的地方。这里蕴藏着石油、天然气和其他矿物资源。大陆架上的水域也是海洋生物资源最丰富的地方，世界上水产总量的90%来自大陆架。

深海丘陵与平原

在大洋底部靠近洋中脊的一侧,经常成片出现深海丘陵。深海丘陵的高度小于海山。深海平原一般在深海丘陵附近,水深在3000～6000米。它表面光滑而平整,面积较大。

长长的海岸线

海岸构造示意图

（图中标注：波浪集中冲击着海角、塔状岩礁、浪蚀岩洞、波浪使水流滚动旋转、明渠、海沟、堆填、海坑、沙滩嘴、群岛、沙丘岛、潟湖、环礁湖）

海沟与海山

海底最壮观的地貌之一就是海沟,它多分布在大洋的边缘,常与大陆边缘平行。海沟的横断面为不对称的V字形,靠近陆地的一面比较陡。海山像陆地上的山脉一样,从海底隆起,一般高出海底1000米以上。

小牛顿科学馆

世界海洋最深点

海沟是海洋底部比较深的地方。目前全世界海底发现的海沟共有24条,水深超过1万米的海沟有6条,都在环太平洋地区。最深的海沟是太平洋西部的马里亚纳海沟,最深处达11034米。

第三章 地球的演变

从地球的历史长河中看待地球的变迁，就像大地轻轻一颤一样，地球上的万事万物都发生了改变。然而这轻轻一颤，对人类来说却经历了四十多亿年。在这漫长的岁月中，地球无时无刻不在发生着改变，这些改变既来自宇宙，也来自地球的内部以及地表上的万物。火山、地震改变着地球的面貌。地球上的生物对地表的改变也不可估量。除了自然之外，人类因为自身的需要也在改变着我们共同的家园。

地球宝宝出生了

在宇宙中，地球也像一个小宝宝一样从无到有地出生了。刚出生的地球宝宝是一个滚烫的液体球，后来逐渐冷却下来。从出生到现在，地球的年龄已经有46亿岁了。

5亿年以前

46亿年以前

早期的地球表面

天地起源的传说

关于天地起源，古代的传说多种多样。我国有盘古开天辟地的传说，讲天地万物开始于一个混沌不分的蛋形气团，被困在其中的巨人盘古，挥舞大斧头不停地砍劈，终于把气团劈成上下两半，上浮的一半就成了天，下沉的一半就成了地。

人类想象中的天地形成之初

地球是怎样出生的

据科学家推测，地球约形成于46亿年以前。一团由气体和灰尘组成的星云收缩以后，变成了太阳和太阳系中的九大行星。星云中的一些物质聚集到一起，构成了最初的地球。

Part3
地球的演变

地球年龄的推算

科学家们测算出了地球上最老岩石的年龄是40亿岁，同时测算出了月球和许多陨石的年龄可达46亿岁。科学家们认为，地球、月球和太阳系的其他行星都应该在同一时期形成。因此，科学家们认为，地球的年龄为46亿岁左右。

经过46亿年的变迁，地球逐渐变成了现在的模样。

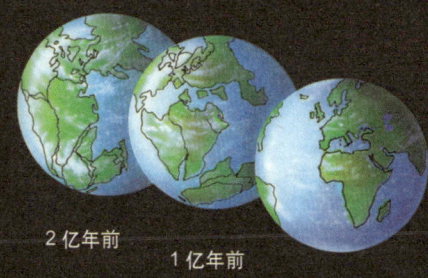

2亿年前　1亿年前　现在

地球形成示意图

地球内部与外部的变化

开始的时候，构成地球的岩石是又红又热的液体，后来液体逐渐冷却、凝固。在岩石冷却的过程中，从地球内部深层不断挥发出气体，它们聚集在地球的周围，形成了气泡状的空气层，即大气层。

小牛顿科学馆

地球形成之初

有的科学家认为，太阳诞生之初被大量的气体与尘埃包围，这些物质逐渐凝结成团，形成四颗内太阳系行星的雏形。在此后一千万年内，地球逐渐达到目前大小的64%，在位于距离太阳大约1.5亿千米远的轨道上运行。

shǐ qián dì qiú shí dài
史前地球时代

大陆面积的增长

在地球演化的历史长河中，大陆地壳的体积，包括大陆的面积在不断增长。距今38亿年以前，大陆物质非常稀少，但在38亿年间，大陆物质得到迅速增长。

dì qiú zì dàn shēng zhī hòu jiù zài bù duàn biàn huà dì qiú
地球自诞生之后就在不断变化。地球
biǎo miàn xíng chéng le lù dì hǎi yáng hé dà qì zhī hòu dì qiú
表面形成了陆地、海洋和大气之后，地球
shang kāi shǐ chū xiàn shēng mìng shēng mìng bù duàn fán yǎn hé jìn
上开始出现生命。生命不断繁衍和进
huà shǐ dì qiú biàn chéng le yī
化，使地球变成了一
ge shēng jī bó bó de xīng qiú
个生机勃勃的星球。

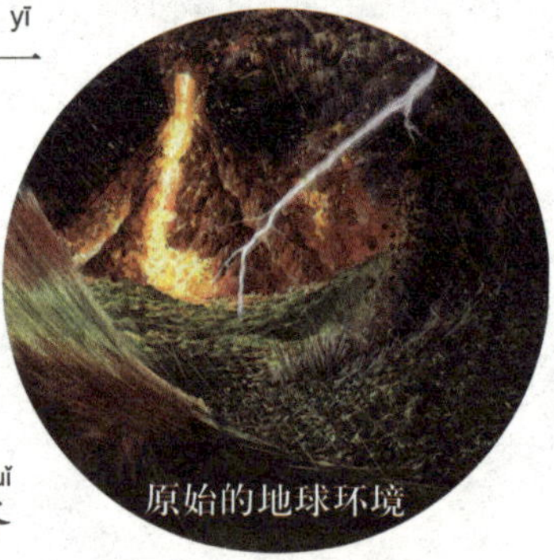
原始的地球环境

形成海、陆地和空气

dì qiú dàn shēng zhī hòu zhú jiàn lěng què de yán shí biàn chéng
地球诞生之后，逐渐冷却的岩石变成
le lù dì shàng shēng dào tiān kōng zhōng de shuǐ zhēng qì biàn chéng yǔ shuǐ
了陆地。上升到天空中的水蒸气变成雨水
jiàng luò dào dì qiú biǎo miàn yǔ shuǐ zhú jiàn huì jù kuò
降落到地球表面。雨水逐渐汇聚扩
dà chéng wéi hǎi yáng nà shí hou de kōng qì yǔ
大成为海洋。那时候的空气与
xiàn zài kōng qì de chéng fèn bù tóng
现在空气的成分不同。

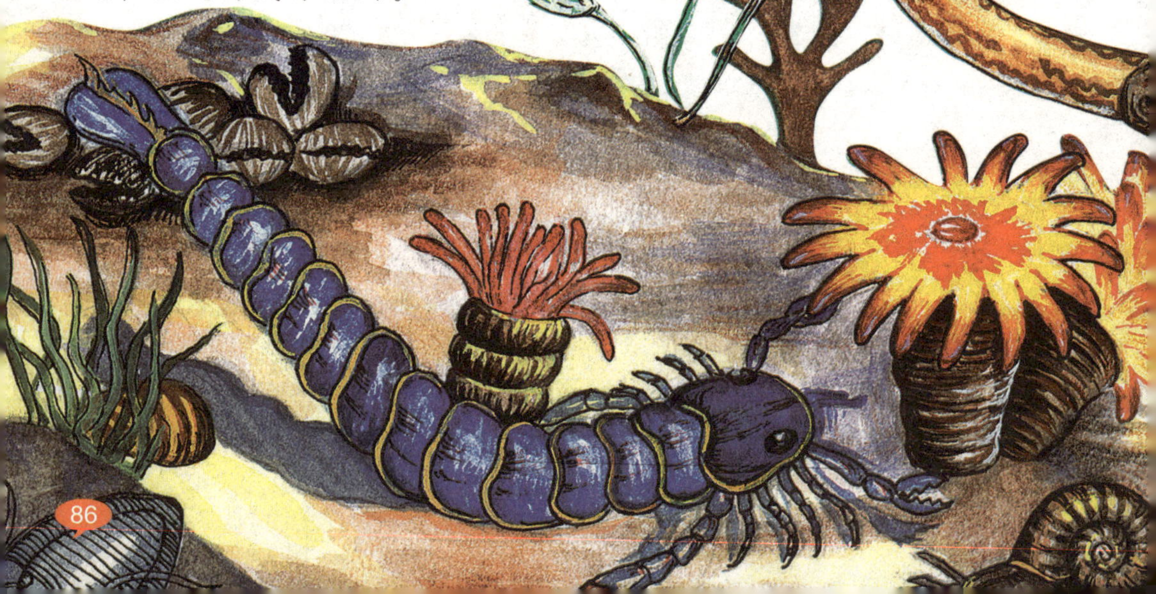

生命的出现

在原始的海洋中，开始出现了肉眼看不见的生物。大约在35亿年前，海藻开始出现。海藻呼出氧气，使海水和空气中的含氧量增加。空气的总成分开始接近现在的大气。

在原始地球形成之后的一个时期里，地球表面温度还很高，生命体基本存在于海洋中。

小牛顿科学馆

最初的生物出现在什么时候

人们在澳大利亚发现了距今约35亿年前的原始藻类化石。可见，35亿年前地球已经是一个有生命的世界。那么在此之前有没有生命出现呢？科学家们还无法判断。

生物使地球发生变化

单细胞的生物经过漫长的岁月，逐渐进化成以呼吸氧气维持生命的复杂动植物。大约6亿年前，曾经布满岩石的光秃秃的陆地上，出现了动物、植物。

原始海洋中的生物

蕨类植物时代

当地球的环境发生变化后,最能适应当时环境的植物才能很好地生存下来,也生长得最为繁盛。有茎的植物约4亿年前才开始出现。在气温居高、沼泽地遍布的时期,蕨类植物在地球上称霸。那个时期被科学家们称为蕨类植物时代。

现在植物界的霸王

如今的植物世界,是开花植物和落叶植物的天下。它们能生存在最严酷的气候下,并且能够适应气候的变化。所以,现在的植物界中开花植物和落叶植物的种类最多。

蕨类植物喜欢潮湿的环境。

连续温暖多雨的气候来临

距今约3亿年前,连续温暖多雨的气候来临。7亿年前登上陆地的陆生植物,其种类和数量与日俱增,形成陆地上大片的森林。这些森林就是现在世界各地大煤田的来源。

Part3 地球的演变

最早的高等植物

现代的蕨类植物的叶子都长得像羊的牙齿一样，因此最早研究它们的科学家就把它们形象地称为"羊齿植物"。在地球自然历史发展过程中，这些"羊齿植物"实际上是最早的高等植物，它们在志留纪晚期已经开始在陆地上出现。

桫椤是现存最大的蕨类植物。

花斑蝾螈从远古时代繁衍到了现在。

动物种类的变化

蕨类植物的大发展，促成了地球历史上第一次原始森林的出现，使地球生态系统的整体面貌发生了巨大的变化。森林中的潮湿沼泽地布满了许多类似蝾螈的两栖类动物、蝎类动物以及蜗牛类动物等，为脊椎动物由水上陆奠定了物质基础。

小牛顿科学馆

古代大气的含氧量

科学家们经过研究发现，6亿年前的大气氧含量约为20%，与现在相近。大约3亿年前，氧含量突然升高到30%，随后在2.4亿年前骤降到12%。到了5000万年前，氧气水平回升到17%。到4000万年前，这一含量达到了23%。现在，大气中氧含量达到了21%。

爬行类时代

爬行类时代是地球历史上最引人注目的时代，脊椎动物开始全面繁荣，并出现了一些令人不可思议的物种。爬行动物在海、陆、空都占据统治地位。恐龙是这一时期最繁盛的动物，因此，爬行动物时代也叫"恐龙时代"。

爬行类时代的地球环境

哺乳类动物的崛起

能够迅速走动的哺乳类动物，因为对寒冷气候的抵抗力很强，在生存竞争中取得了优势。第一批哺乳动物，可能是一批以昆虫和恐龙蛋为食的小动物。一直到6500万年前，哺乳动物才逐渐兴旺起来。

地形的变化

山地隆起，地形变得很复杂，陆地也随着扩大，干燥区变得较为广阔。因此，爬行类动物取代了只能生活在水边的两栖类，成为陆地上的主宰。

恐龙是爬行类时代的霸主。

气候的变化

大约1亿年前，原本全年温暖的气候，逐渐变得比较有季节性。气候开始有了冷热的变化，植物的种类也发生了改变，显花植物变得越来越重要。

色彩艳丽的显花植物

恐龙时代的结束

气候改变后，恐龙变得越来越少，最后终于全部消失。就在此时，地球的景观也发生了变化。古老的大陆因为海底的扩张分成了好几块。海平面升高了，低洼地区变成汪洋一片。许多种类的海生动物也灭绝了。

小牛顿科学馆

恐龙

恐龙属脊椎动物爬虫类，最早的恐龙出现于大约距今二亿四千万年前。恐龙的种类大约有900~1200种，它在地球历史上繁荣了约一亿五千万年。

bīng chuān shí dài
冰川时代

猛犸象

猛犸象是生活在距今10~1万年前的巨兽，身高3~4米，体形与现代象有些相似，但浑身长满了绒毛和半米长的暗褐色粗毛。猛犸象与古人类同时存在，大约在一万年前，冰川时期结束，气候转暖，猛犸象适应不了气候的转变，逐渐灭亡。

jīng lì guò yī duàn wēn nuǎn duō yǔ de shí qī yǐ hòu dì qiú jìn rù dào yī ge chí xù yán hán de bīng chuān shí dài bīng chuān shí dài de dào lái shǐ dì qiú shang de shēng wù yě suí zhī fā shēng le gǎi biàn zhè yī shí qī rén lèi kāi shǐ zài dì qiú shang huó yuè qǐ lái

经历过一段温暖多雨的时期以后，地球进入到一个持续严寒的冰川时代。冰川时代的到来使地球上的生物也随之发生了改变。这一时期，人类开始在地球上活跃起来。

寒冷的时期来到了

dà yuē wàn nián qián dāng shí lù dì shang de bà zhǔ zhèng yóu pá xíng lèi biàn wéi bǔ rǔ lèi duǎn zàn de wēn hé qì hòu réng rán cún zài zhè shí zhǒng lèi fán duō de bǔ rǔ dòng wù lù xù chū xiàn jì ér miè wáng dà yuē wàn nián qián dì qiú shang chū xiàn le hǎo jǐ cì kù hán qì hòu bīng chuān dào chù kuò zhāng lián xù shù wàn nián bù róng huà

大约7000万年前，当时陆地上的霸主正由爬行类变为哺乳类。短暂的温和气候仍然存在，这时，种类繁多的哺乳动物陆续出现，继而灭亡。大约200万年前，地球上出现了好几次酷寒气候，冰川到处扩张，连续数万年不融化。

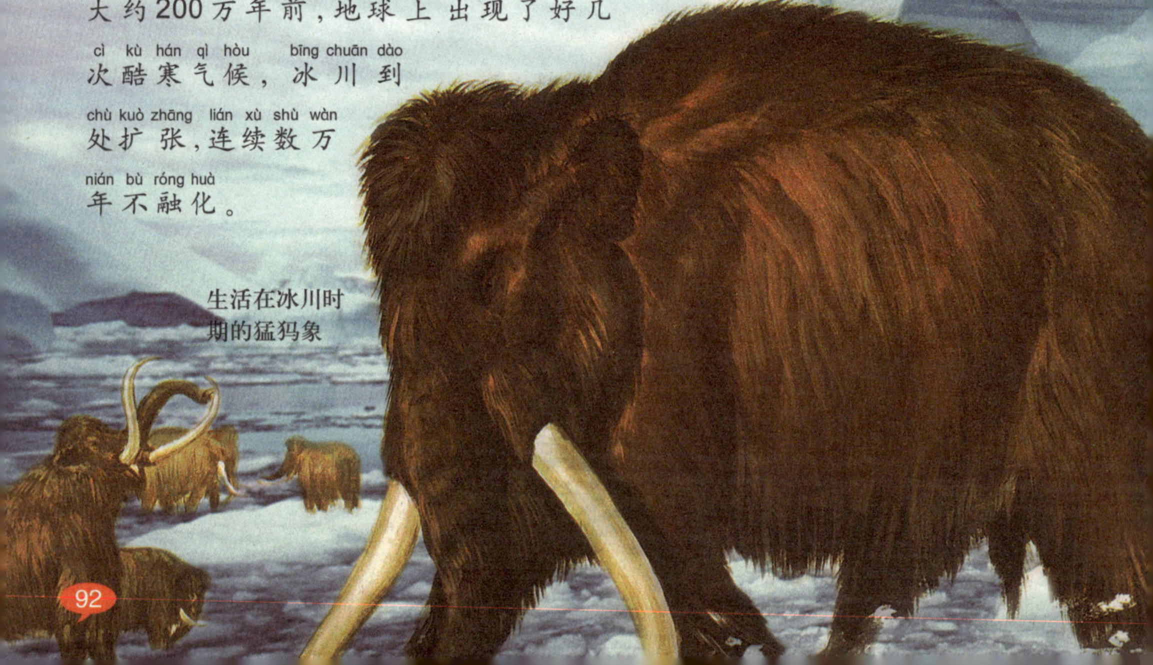

生活在冰川时期的猛犸象

Part3 地球的演变

南极大陆的冰川

人类出现了

两千万年前,人类的祖先类人猿,逐渐改变其生活方式,与大猩猩有了显著的区别。大约200万年前,人类开始出现。在寒冷的气候中,人类运用大脑应付酷寒的恶劣生活条件,并追杀猛犸象等大型动物为食。人类最终适应了环境,获得了整个生物界的优势地位。

冰期的结束

大约1万年前,冰川时期开始结束,气候转暖,地球上的一些动物适应不了温暖的气候,相继灭亡。之后,地球上的动植物种类以及气候,逐渐形成现在的状态。

小牛顿科学馆

最近的一次冰川时期

最近一次冰川时代结束于1万多年前,在那次冰川时代,冰川从两极一直向赤道地区延伸,像现在的温带地区,冰层竟也厚达1千米,那是个很寒冷的时代,我们人类的祖先就亲眼见证过这个时代。

巨大的拼图玩具

2.2亿年前

2亿年前

当我们观察世界地图时就会发现：如果把大西洋两岸的非洲、南美洲的边缘地带进行拼接，它们可以像拼图一样连成一

1.1亿年前

体。为什么会这样呢？原来，我们脚下的陆地其实就像一个拼图一样，以前是拼接在一起的。

1000万年前

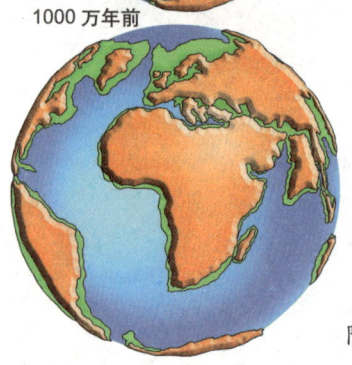

陆地的变迁

现在的美洲、非洲、欧洲、亚洲、大洋洲和南极洲，原是连成一片的大陆，被称为"原始大陆"或"联合古陆"。大约在2亿年前，这块大陆慢慢地分裂开

陆地渐渐分裂的情形

来。最先是澳大利亚大陆及南极地区同亚洲分开了，在它们之间形成了印度洋；后来美洲逐渐向西漂移，于是出现了大西洋。经过长时间的分裂，陆地逐渐形成现在的格局。

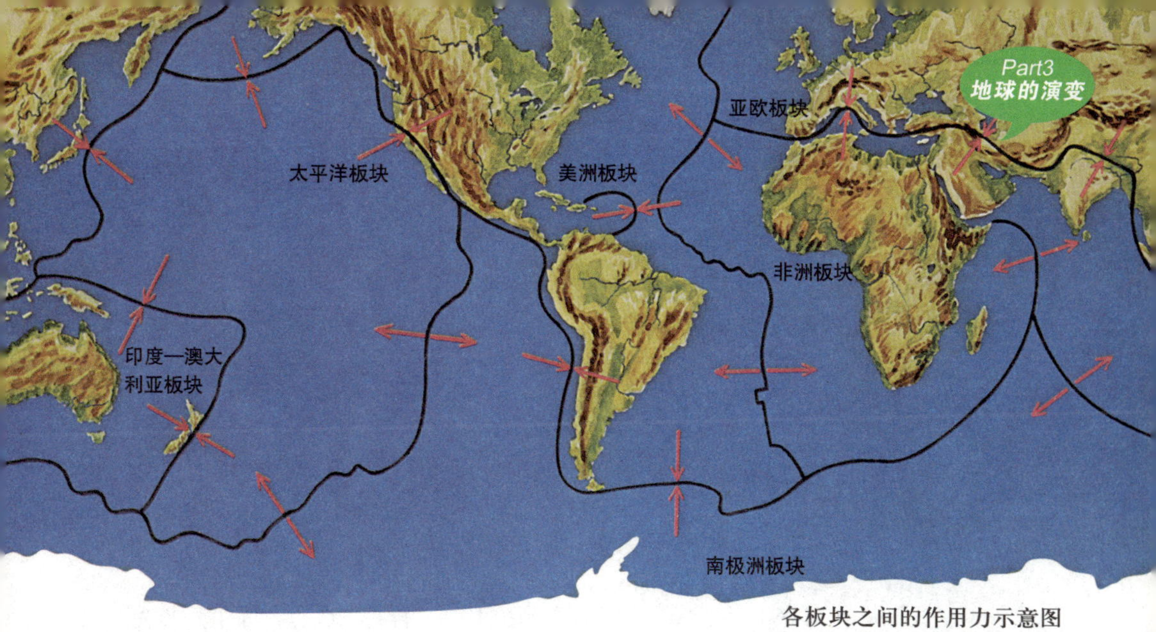

各板块之间的作用力示意图

板块在运动

gòu chéng dì biǎo de yán shí quān kě yǐ fēn wéi liù dà bǎn kuài
构成地表的岩石圈可以分为六大板块，
jí tài píng yáng bǎn kuài ōu yà bǎn kuài yìn dù ào dà lì
即太平洋板块、欧亚板块、印度—澳大利
yà bǎn kuài fēi zhōu bǎn kuài měi zhōu bǎn kuài hé nán jí zhōu bǎn
亚板块、非洲板块、美洲板块和南极洲板
kuài gè gè bǎn kuài zhī jiān de xiāng hù jǐ yā pèng zhuàng bù duàn
块。各个板块之间的相互挤压、碰撞不断
gǎi biàn zhe dì qiú de miàn mào
改变着地球的面貌。

小牛顿科学馆

魏格纳的大胆设想

魏格纳是德国著名的气象学家、地球物理学家。1905年，魏格纳在浏览世界地图时发现：大西洋东西两岸，南美洲巴西的凸出部分正好是非洲西海岸的凹陷部分，两者可以拼合起来。他受此启发，提出了著名的“大陆漂移”设想。

海底在扩张

海底扩张示意图

zài dà xī yáng dì qiào bǐ jiào báo ruò de dì fang dì
在大西洋地壳比较薄弱的地方，地
màn wù zhì bù tíng de xiàng shàng yǒng màn màn níng jié chéng xīn
幔物质不停地向上涌，慢慢凝结成新
de dà yáng dì qiào tóng shí bǎ yǐ qián xíng chéng de dì qiào tuī
的大洋地壳，同时把以前形成的地壳推
xiàng liǎng biān zhèng shì yóu yú zhè zhǒng kuò zhāng zuò yòng cái
向两边。正是由于这种扩张作用，才
tuī dòng le yǔ yáng dǐ xiāng lián de dà lù de yí dòng
推动了与洋底相连的大陆的移动。

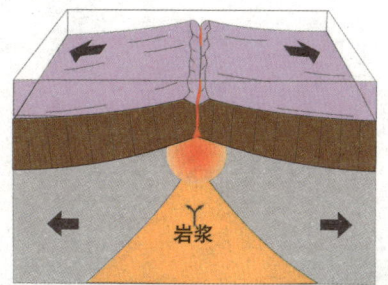

河水是一个搬运工

降落到地面的雨水一部分渗入地下，一部分被蒸发，一部分在地面汇集成河流。改变地貌最主要的就是河流的作用。河水就像一个搬运工一样，把上游的泥沙、石块搬运到下游。而且还在不断地侵蚀着地表，改造并形成新的地形。

砾石的变化

河川的上游，一般都是带有棱角的大石块，流到下游，棱角一般被磨圆，变成了球形的砾石。在石块向下游运动的过程中，石块与河床以及河底不停地碰撞，大石块逐渐变成小石块直至细沙。

凸岸的断崖和凹岸的沙洲

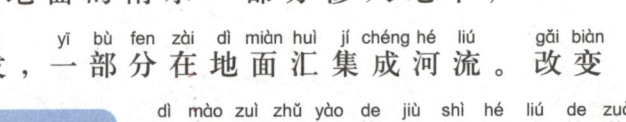

河流的侵蚀作用

河流从上游搬运的泥沙沉积在下游的河床上。在河流弯曲的地方，凸岸形成了断崖，曲流的凹岸因为水流的流速比较慢，由上游搬运下来的沙石逐渐沉积，形成沙洲。

搬运泥沙的水流

河水能够将崩落在河床里的泥沙与河水侵蚀河床所剥蚀的岩石碎屑搬运到下游。上游的水流速度快，所以水流搬运泥沙的能力比较强；到了下游，水流的速度变得缓慢，水流搬运泥沙的力量也变弱了。

河流的上游

小牛顿科学馆

地层

在断岩和山地道路被凿开的地方，可以发现有不同颜色、不同颗粒的岩石形成的一层层的层状分布，这种情形被称为地层。地层就是由河流搬运来的泥沙与火山喷出的火山灰等物质层层沉积形成的。

泥沙的沉积地形

当河水的流动速度变慢时，河水中所携带的泥沙会逐渐沉积于地面。这种沉积作用一般发生在河流由山地流出平原或流入海中的地方。由山地流出所形成的平原称为冲积扇；流入入海口所形成的平原称为三角洲。

瑞士的冰川

冰川的侵蚀

冰川发源于南极、阿拉斯加以及喜马拉雅山脉等寒冷地区。冰川的流动速度虽然很缓慢，但却以强大的力量侵蚀着与冰川接触的地表或两岸的岩石，形成各种奇特的冰川地形。

冰川与地形

冰川在重力的作用下流动。冰川流动时，对地面有剥蚀作用。冰川对地表的作用力比流水的搬运作用要大得多。

1.5万年前的洪水

1.5万年前，地球气温增高引起了冰川的融化。冰川的融水引发了一场席卷整个北美洲以及亚欧大陆的大洪水。仅在美洲北部，这场洪水就冲出了几百千米的广阔土地。

冰川侵蚀形成的地形

经过冰川的侵蚀作用，松软的地层处会被挖深，坚硬的地层处会被挖浅。而挖深的部分，往往会蓄积雨水，形成湖泊。

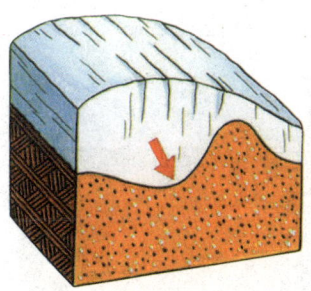

冰川覆盖在表面上。

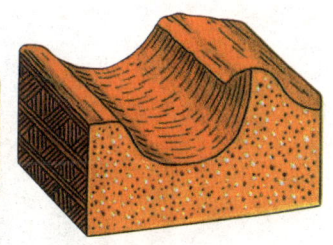

气候变暖，冰川消失后，受冰川剥削而形成的"U"形谷地。

冰川沉积形成的地形

冰川中的冰常常很脏，并夹带着很多岩屑。这些岩屑是从山上落下或是被冰川从下面的岩石上挖出来的。冰川前进或后退时，这些岩屑就以小圆丘和弯曲沙洲的形式沉积下来，形成冰川沉积地形。

冰川在山麓上留下痕迹。

欧洲的冰川地形

欧洲的冰川地形分布较广。阿尔卑斯山脉横亘欧洲南部，它是欧洲最高大的山脉，平均海拔在3000米左右。阿尔卑斯山脉的许多高峰终年覆盖着白雪，山谷中的冰川侵蚀着山谷，并形成新的地形。

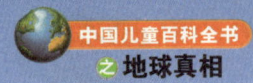

dì xià shuǐ de qīn shí zuò yòng
地下水的侵蚀作用

dì xià shuǐ duì dì xíng yǒu zhe qīn shí zuò
地下水对地形有着侵蚀作
yòng zài dì xià shuǐ de qīn shí xià suǒ xíng
用。在地下水的侵蚀下所形
chéng de dì xíng hé yī bān hé liú xíng chéng de
成的地形，和一般河流形成的
dì xíng dà bù xiāng tóng tā men dà duō chū xiàn
地形大不相同。它们大多出现
zài shí huī yán dì qū
在石灰岩地区。

地下水形成的瀑布

地下水与地形

yǔ shuǐ jiàng luò dào dì miàn yī bù fen shèn rù dì xià jù jí
雨水降落到地面，一部分渗入地下，聚集
zài tǔ rǎng huò yán shí de fèng xì jiān chéng wéi dì xià shuǐ yǒu xiē
在土壤或岩石的缝隙间，成为地下水。有些
dì xià shuǐ zhǐ huì shǐ yán shí cháo shī ér yǒu xiē què cháng jiǔ jī cún
地下水只会使岩石潮湿，而有些却长久积存
yú dì xià shǐ yán shí shòu dào fǔ shí bìng gǎi biàn dì xíng
于地下，使岩石受到腐蚀，并改变地形。

地下水的污染

与地表水一样，地下水也受到了污染的威胁，污染主要来自于地表或土壤水的下渗。农用氮肥以及垃圾中的有害物质溶解到了雨水中，它们随着雨水渗透到了地下，就污染了地下水。

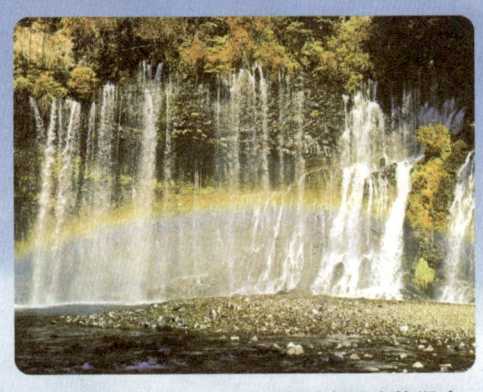

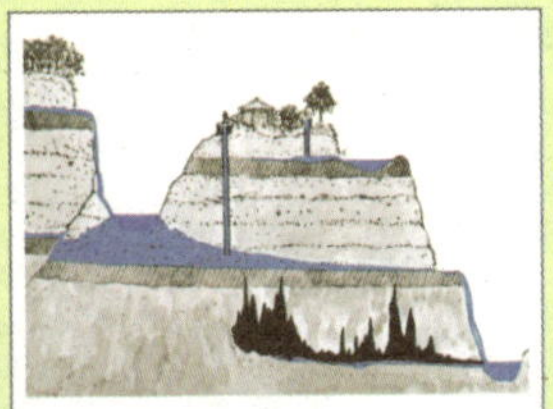
地下水的分布状况

透水层和不透水层

如果地层的空隙大，含水多，这样的地层就是透水层。像砂岩、沙土层都是透水层。

地层空隙小，不容易透过地下水的地层是不透水层。黏土、页岩以及泥岩都是不透水层。

如果在透水层的下方有不透水层，则最容易积存地下水。

雨水通过透水层渗入地下，在不透水层上聚集起来。

喀斯特地形

石灰岩层容易溶解在酸性雨水中。在雨水的长期侵溶作用下，石灰岩被流水不断地溶解侵蚀，形成石芽、石林、峰林、溶洞等奇异的地形，这种地形被称为喀斯特地形。

武夷山水帘洞

小牛顿科学馆

地下水的开发

常见的井水、泉水都是地下水。地下水分布广泛，水量也较稳定，是工农业和生活用水的重要水源之一。地下水的过量开采会造成地下水位的大幅下降，引起地面沉降。

海水的侵蚀

海水也能改变地形。波浪就像一个雕刻家一样,用它锋利的刻刀,塑造着海岸的形状。而大海的海流也毫不示弱,它将河流冲进大海的泥沙塑造出各种地形。

海水中的盐

有人计算过,如果把海水中的5亿亿吨盐类全部提取出来,平铺在地球的陆地上,那么陆地将会增高150米。如果把这些盐做成一个盐球,那么它的直径可以达到350千米。

波浪与地形

波浪是由海面上的风力产生的海水运动。当波浪涌向海岸,对海边岩石的撞击力量非常大。所以,波浪能够侵蚀海岸,形成各种地形。

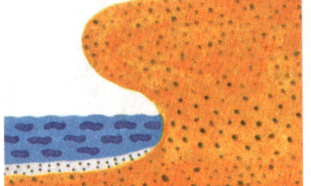

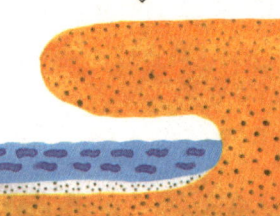

波浪不断侵蚀岩石,形成海穴。

Part3 地球的演变

海崖的形成

海蚀平台

海岸岩石受波浪的侵蚀、冲击，形成断崖，也就是海崖。海崖越坍塌，海岸越向后退。当上面比较松软的岩石被海水侵蚀掉后，底下坚硬的岩石就会暴露出来，形成一片海蚀平台。

海流的侵蚀与地形

河流搬运入海的泥沙遇到沿海岸定向流动的洋流时，这些泥沙就容易在洋流流动的方向沉积。沉积的泥沙越来越多就会形成新的地形，例如砂嘴、滨外沙洲等。随着砂嘴与滨外沙洲面积的不断扩大，它们将逐渐成为海边陆地的一部分。

滨外沙洲

小牛顿科学馆

海蚀洞

海蚀洞就是海岸边的岩石在海浪的侵蚀下形成的洞穴。在涨潮和落潮时，具有破坏性的海浪不断冲击海岸，一些不太坚硬的岩石就会被海水冲蚀成凹地。长时间的侵蚀令海蚀凹地不断地扩大加深，最终形成海蚀洞。

太阳辐射与地形

太阳的温度

太阳表面温度最高能够达到6000℃；而中部太阳大气层的温度超过了100000℃；日冕是太阳温度最高的区域，温度超过了100多万℃。正是这样高的温度，才使太阳的热量源源不断地传送到了遥远的地球上。

在地球表面，几乎所有的生物都需要太阳辐射的光和热。太阳散发的光和热使地球表面的植物生长；使地球海面以及地面的水分不断蒸发，形成雨、飓风、降雪等现象，形成水的循环。正是这些循环，才形成了各种各样改变地貌的自然现象。

太阳散发的热量

太阳辐射的光和热，不能全部到达地表。途中有一些光和热使气温升高，还有一些在通过云层时，被折射或者反射回宇宙。

不断散发光和热的太阳

海水蒸发形成云朵。

太阳辐射量的接受差异

地球上各个地区所接受的太阳辐射量是不同的。在赤道附近，每天正午时，太阳辐射的光和热是直射的；但在北极，则是斜射的。所以，同样的面积比较时，直射的地方接收的热量多，斜射的地方则接收的热量少。

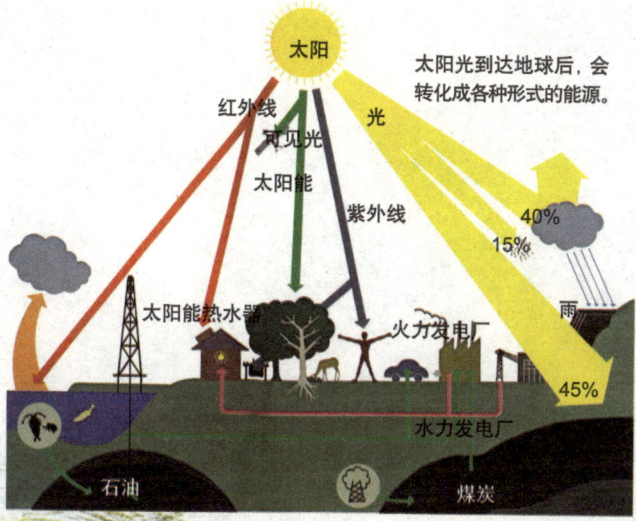

太阳光到达地球后，会转化成各种形式的能源。

云朵被风吹到陆地上空。

云朵降下雨水滋润大地。

太阳辐射与风化

地表因为风化而产生地形的改变。主要的风化营力有：太阳热能、大气降水、地下水、水蒸气、冰，以及二氧化碳、氧和动植物有机体等。大多数营力都是直接或间接地由太阳辐射的能量转化而来。

小牛顿科学馆

地球也在散热

太阳散发出了巨大的热量，辐射着它周围的宇宙，地球只是获得了其中很小的一部分。其实，地球本身也在散发着热量，但是地球所散发出来的热量与它接受的太阳热量相比微不足道。

天外来客的造访

宇宙中的小行星时不时地造访地球。这些天外来客并没有给地球带来礼物，它们给地球带来了伤害。落到地球上的陨石撞击地球所造成的陨石坑，使地球的面貌在瞬间发生了改变。

世界上最著名的陨石坑

美国的亚利桑那州温斯洛的大陨石坑直径达1240米，深达170米，是世界上最著名的陨石坑。地质学家认为，它是25000年以前由一颗直径约50米的流星体撞击地球形成的。

陨石是什么

外太空的小行星碎片闯进地球大气层时，有的会在大气层中燃烧掉。没有燃烧掉的部分落到地球的表面就是陨石。陨石有的只有灰尘般大小，有的直径达数千米。

落入地球的巨大陨石

Part3 地球的演变

陨石坑

陨石掉落地面的速度非常快，它与地表碰撞，直接降落到地面或者镶嵌入地壳，所造成的坑穴就是陨石坑。大的陨石坠落到地表时，冲击地面的力量是十分巨大的，可以在地表形成火山口形状的陨石坑。

位于美国亚利桑那州的巨大的陨石坑

伤痕累累的地球

每年大约有500块陨石作为天外来客来到地面。其中，大部分落到了海洋里，大约有150块落在陆地上。它们把我们的地球砸得伤痕累累，只是大部分陨石的体积小，不会引起人们的注意罢了。

小牛顿科学馆

地球的一次重大灾难

大约5亿9千万年前，一颗由岩石组成的、直径超过4000米的陨星猛烈地撞击了现在澳大利亚所在地的某个区域。几秒钟内，陨星变成了一个巨大的火球。而在撞击点，则形成了一个深4000米、直径40千米的大坑，并引起了地震、狂风、大火和海啸。

人类想象中的小行星撞击地球。

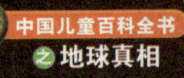

风化作用

地表或接近地表的岩石,会受到气温、雨水、风和生物的侵蚀而发生物理变化或者化学变化。无论多么坚硬的岩石,经过很长一段时间的风化之后,都会逐渐崩碎而变成小砂粒,最后形成土壤。

树根将大块岩石碎解。

不可小看植物的力量

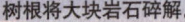

植物能把大块的岩石变成小碎块。当植物的根伸进岩石的裂缝中后,根系逐渐长大变粗。经过长年累月的生长,根系就会把结实的岩石"掰"成小碎块。根所释放出来的二氧化碳溶解在水中后,还会把一部分岩石溶解掉。

Part3 地球的演变

水和温度能够改变岩石

坚硬的岩石也会碎裂。是谁有这么大的力气呢？原来渗入岩石缝隙中的水在温度降低的时候就会结冰。水变成冰后体积膨胀，这种膨胀力就会把坚硬的岩石崩解破坏。

岩石自身也会因为温度的变化导致体积的伸缩而碎解。

水使坚硬的岩石产生裂纹。

小牛顿科学馆

小动物的催化作用

野兔、田鼠之类的小型动物会在风化岩石区打洞。它们挖出的通道四通八达。这样一来，使得岩石与空气的接触面积更大了。这些小动物的无心行为就像给风化作用增加了催化剂一样，使风化的速度更快了。

坚硬的岩石变成了土壤

坚硬的岩石表面，受到风化作用被破坏，成为大型岩片；大岩片又会被分解成小石块；小石块接着变成小沙子。这些小沙子被水溶解后被植物吸收，植物腐烂后混入土壤。岩石就这样变成了土壤。

109

人类改造地球

除了自然界的力量外，人类也在改变着地形。例如人类在深山的溪谷建筑水坝，堵住流水建造水库；填海造成新的陆地；开拓山地，铺设道路等。为了生存，人类一直在改造着地形。

水坝对环境的影响

美国西部的胡佛水坝建成于1936年，在当时属于世界顶级水电站。胡佛水坝建成之后，可供鱼类食用的水生生物减少，引起科罗拉多河中的鱼类大量减少，生态平衡被严重破坏。

建筑水坝

为了发电、灌溉、防洪，人类在深山的溪谷中建造水坝，蓄水成水库。这样的人类工程使地形发生了改变。水坝拦截流水所形成的水库使原来河流的水位升高，淹没河岸的山沟谷地。因为水量的增多，山谷周围的气候也随之发生了改变。

人类在深山的溪谷中建造了水坝。

海边新生地

人类不但改变着陆地的地形,也向海洋争夺土地。一些海边的新生陆地,就是人类制造出来的。人们会选择海边一些比较浅的地方,用泥沙填埋起来。新的陆地就这样产生了。

人类改造山坡后形成的梯田

人类沿山开辟隧道并修建公路。

开垦山地

山地也是人类征服的对象之一。人们将山的一部分削平,在上面铺设道路,建造房屋,或者开垦为农田。山地的面貌因为出现了大量的人类工程而发生了改变。

围海造田

荷兰广大地区原为沼泽地。后来,荷兰人用风车排水,在海边开拓出大量土地,并修筑巨大的海堤将开拓的土地与海水分隔开来,使这些土地成为肥美的田园。这已成为世界著名的"围海造田"景观。

火山喷出滚烫的岩浆

火山喷发是地球上的一种自然现象，火山喷发出的炽热岩浆能够改变地貌。在地球形成的早期，火山喷发随处可见。现在陆地上能够喷发的火山已经不多了。

太空火山

根据太空探测获得的资料，科学家发现太阳系其他行星和它们的卫星上也有火山活动。许多太空拍摄的照片显示：月球、火星上都有火山活动的痕迹。金星的火山活动至今仍十分活跃。

炽热的岩浆

岩浆是火山主要的喷出物质。岩浆主要产生于地表的软流层，但长期被囚禁在地底，一旦有隙可乘，它便挣扎着冲出地表。喷出的岩浆能够形成火山山、地盾等。

喷发的岩浆

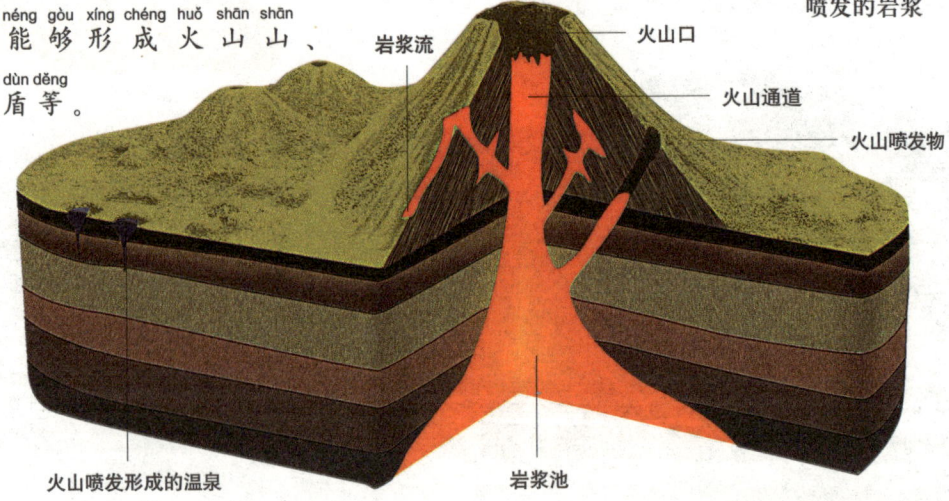

岩浆流　火山口　火山通道　火山喷发物　火山喷发形成的温泉　岩浆池

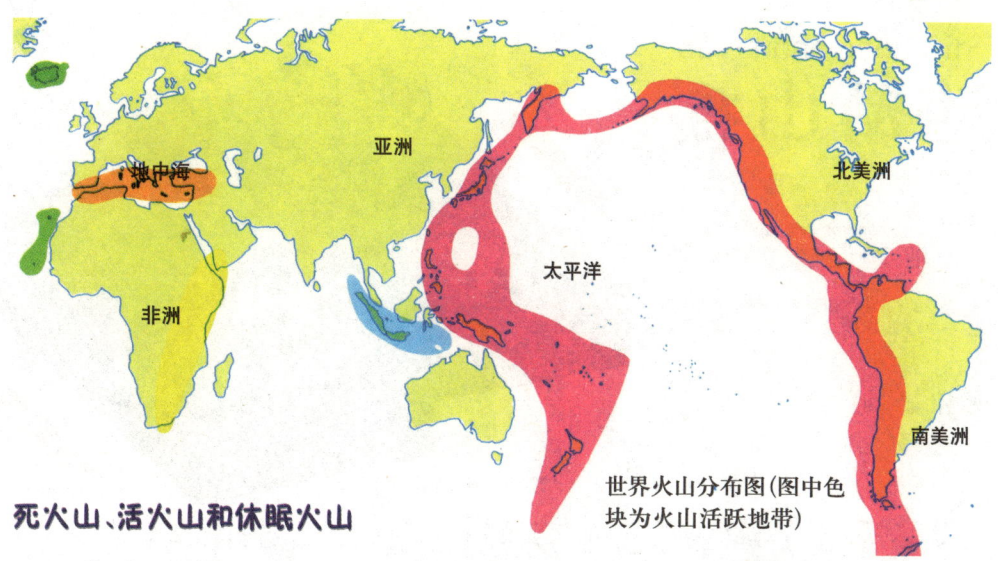

世界火山分布图(图中色块为火山活跃地带)

死火山、活火山和休眠火山

死火山是曾经发生过喷发,但有人类历史以来一直没有发生喷发的火山;休眠火山是长期以来处于相对静止状态的火山;活火山是今天还在不断进行喷发活动的火山。活跃的火山大都分布于构造板块的交界处。

锥状火山

盾状火山

形状各异的火山

仔细观察火山的外貌,会发现它们长得并不相同。有的火山比较尖,像个三角锥;有的比较扁,像个盾牌。火山的这些外貌是由火山喷出的岩浆的黏稠度不同所造成的。容易流淌的岩浆会形成盾状火山;不易流淌的岩浆会形成锥状火山。

不喷发的活火山

许多火山喷发都十分剧烈,并且会给人类带来灾难。是不是活火山一有活动,就要喷发呢?其实活跃的活火山也不一定会喷发。有的时候,火山并不会在地表形成喷发现象,而是在半路就偃旗息鼓了。

113

地动山摇

地震是与刮风下雨一样常见的自然现象。地球上经常会发生大大小小的地震，只是大多发生在人烟稀少的地方。绝大多数地震都在人们无法预知的情况下发生，强烈的地震会给人类造成巨大的灾难。

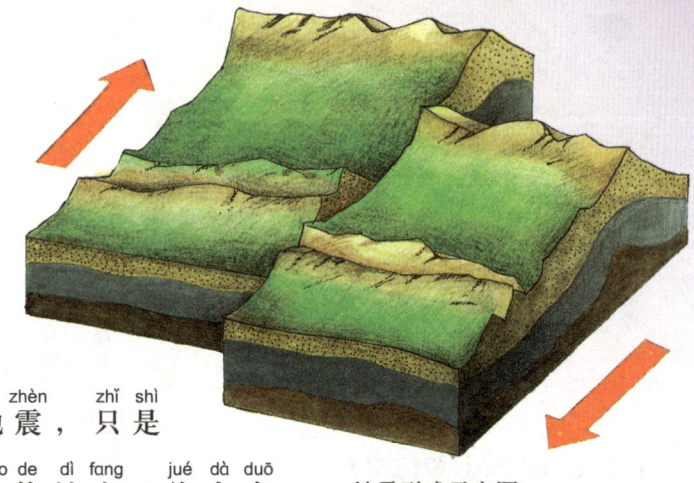

地震形成示意图

地震波

构造板块之间的滑动能够释放出地震波，地震波是引起地面震动的原因。地震波主要分为纵波和横波。地震发生时，人们对纵波的感觉是上下震动，对横波的感觉是前后左右的晃动。

横波使地面物体摇晃坍塌。纵波像蚯蚓一样伸缩前进。

地动仪模型

张衡与地动仪

世界上最早用于测量地震的仪器是我国汉代天文学家张衡发明的地动仪。这个地动仪上面有八个口含铜珠的龙头，它们面向八个不同的方位。龙头下面是八只昂头张嘴的蛤蟆。哪里发生了地震，哪个方向的龙头就会张开嘴巴，使铜球掉进蛤蟆嘴里。

Part3 地球的演变

震源

我们把地球内部发生地震的地方叫作震源，它不是一个点，而是一个区域。震源对应的地面就是震中，这里发生的震动最大，一般也是破坏最严重的地区。

地震发生时，如果无法及时冲出屋子，躲在墙角或书桌底下会相对安全些。

小牛顿科学馆

地震是怎样发生的

地震究竟是怎样发生的呢？原来这和地层的构造有关。当构成地表的两个板块发生碰撞，不平的边缘相互摩擦时，岩石就会断开。这时，地面就会摇晃、开裂，可怕的地震就发生了。

威力无穷的强烈地震

强烈的地震如果发生在人烟稀少的地方，基本不会造成灾害；但如果发生在城市，就会造成房屋、桥梁等各种建筑物的毁坏。大地震时，还会引起山崩、地裂、海啸、滑坡等灾害；大地震之后，往往还会发生火灾和瘟疫，并造成严重的人员伤亡和财产损失。

3级地震

5级地震　　　　9级地震　　　　12级地震

115

滑坡和泥石流

滑坡和泥石流就像洪水一样,在一瞬间从地势高的地方向地势低的地方倾泻下来。只是它们流下来的是石块,或是石块与泥水的混合物。滑坡和泥石流属于自然灾害,它们改变地表的性质是破坏性的。

最大的滑坡事件之一

1963年的一天,意大利北部的瓦依昂特水库库岸近3亿立方米的岩体猛然下滑,冲入水库,使水库里的水形成了大约250米高的巨浪。巨浪扑向下游的城市和村镇,造成了大约3000人的死亡。这是世界上最大的滑坡事件之一。

峡谷各地区容易出现滑坡现象。

为什么会滑坡

山上的一些斜坡往往存在着不稳定的岩石或者土块。这些岩石和土块在重力的作用下,或者受到地震、河流的冲刷就会沿着斜坡整体向下滑动。大规模的滑坡会掩埋村镇、摧毁厂矿、中断交通、阻塞江河,给人们的生命和财产带来巨大的损失。

泥石流

大量的泥沙、石块在重力和水的作用下沿着斜坡或者沟谷向下流动就是泥石流。诱发泥石流的因素很多，其中水土流失是造成泥石流的重要原因。

泥石流常发生在山区或河谷，给人民群众的生命财产造成了极大的危害。

泥石流的威力

泥石流经常突然爆发，来势凶猛。它的流动速度很快，能把数十吨甚至数万吨的巨石从山内搬到山外，因此它的破坏力相当大。泥石流所到之处，一切都会被摧毁。

滑坡是泥石流之源

滑坡与泥石流的关系非常密切，经常相伴着发生。只是泥石流的爆发必须有水源。滑坡经常是泥石流的物质来源。滑坡在向下运动的过程中，往往会转化为泥石流。

泥石流和洪水一样，都能够淹没房屋，吞噬一切。

山崩

山体崩塌是一种很可怕的现象，它的危害也很大。崩塌的山体不但能把人畜砸伤，也会使整个自然环境发生改变。但只要人类注意保护环境，山崩发生的可能性就会减少。

两个湖泊从天而降

1933年8月，岷江中突然出现了两个湖泊。它们是怎么出现的呢？原来，这里发生了山崩，无数的石块滚落到了岷江中，形成了3条100多米的大坝，随后自然形成了两个湖泊。这真是从天而降的湖泊呀！

可怕的山崩

岩石在重力的作用下崩塌就是山崩，它经常发生在比较陡峭的山区。山崩发生前，山崖上的岩石因为风化作用而分崩离析。山崩发生时，常常伴随着轰轰的巨响、滚滚烟尘，岩石随即四处飞溅，就像发生了爆炸一样。

山崩的危害

山崩不论大小，都会造成灾害。严重的山崩可以将整个村庄毁坏。向低处坍塌的石块会将房屋砸塌，砸死人畜。山崩时落下的石块还会堵塞公路、河流等。被堵塞的河流还将引发洪水。

山崩会引发洪水。

为什么会产生山崩

山崩的爆发既有自然原因，也有人为的因素。自然原因主要有强烈的地震，以及岩石的风化、水蚀、暴雨的侵袭等。人为的主要原因就是人们在山坡下面挖洞、开凿隧道或者开矿等。通常山崩是可以预防的，只要不破坏生态环境，对容易坍塌的山区采取预防措施，山崩造成的危害就会被减小。

小牛顿科学馆

地震引发的山崩

1976年5月29日，云南省龙陵地区发生了两次强烈的地震，地震使附近山区爆发了山崩。大量的石块滚落山下，砸毁了大片稻田，许多沟渠被堵塞。碎石还毁坏了一座发电厂。

高山雪崩

白色魔鬼

第一次世界大战期间，奥地利—意大利战线上的同盟国士兵正在行军途中，阿尔卑斯山脉一个山口的积雪突然发生了雪崩，数以万计的士兵死于这场灾难。因此有人把雪崩称为"白色魔鬼"。

被积雪覆盖的阿尔卑斯山脉

雪崩虽然离一般人的生活很远，但它所造成的危害却不容忽视。雪崩不但像山崩、泥石流一样会给人类带来毁灭性的灾难，它也会使地貌发生改变。不过只要人类加强防范，雪崩的危害也会大大减小。

什么是雪崩

大量的积雪从陡峭的山坡松脱滑落，猛烈地撞向谷底的现象就是雪崩。雪崩的发生有两个条件：首先要有比较厚的积雪；其次，发生雪崩的地方必然是倾斜的山坡或沟谷。雪崩也会发生在南北极等冰川较多的地区。

雪崩的危害

严重的雪崩能够折断树木,埋没房屋,威力大得使人震惊。雪崩也可以是轻微的,只滑落小量积雪,把小路封堵或者冲破篱笆。在土地光秃又经常下雪的山区就有可能发生雪崩。

什么情况下容易发生雪崩

巨大的声响、极小的震动(一根树枝落下)、刮风、气温忽冷忽热,甚至阴影覆盖都能导致雪崩的发生。比如:有时只要在山里大叫一声,无情的雪崩就伴着死神降临。

树木可以减小雪崩的危害。

雪崩的预防

有些国家为了降低雪崩的危害,在山坡上栽种树木,形成树林来稳固积雪。如果因为修建滑雪场或者农耕而把树木砍伐掉,便要修建防雪墙来阻挡雪崩降落之势,或者修建防雪桥来保护道路。只要预防得当,雪崩的危害就会大大降低。

大海的怒吼——海啸

海面掀起的巨浪

俗话说"无风不起浪",但是,有时海上明明没有风暴,却突然会有数米高的大浪冲向岸边,给人类的生命和财产造成严重的破坏。这就是海啸。海啸爆发的原因有很多种,有由海底的地震引起的,有由海底火山的爆发引起的,还有由台风引发的。海啸给人类带来的灾难也是惊人的。

100万年前的海啸

100万年以前,夏威夷瓦胡岛上的火山突然从中央裂开,山体像瀑布一般向海中崩塌。由山崩引起的巨大海啸以超乎想象的强大力量向四周蔓延开来。数百米高的巨浪穿越大洋,猛烈地袭击了太平洋沿岸的所有地区,淹没了大片海岸。

地震引发海啸

大海发生地震时,远在海边的人们可能感觉不到。但是地震引发的海啸却能给海边的人们带来灾难。海底的震动能够使海水产生共振,产生巨大的波浪。当这些巨浪传到岸边时,会扑向海岸的建筑,摧毁一切。

海底火山喷发引发海啸

海底的火山喷发也有可能造成海啸。当海底火山喷发时,它向海洋喷发出大量石块,同时释放出的能量会引起海水剧烈运动。火山活动时,海底的地壳也会跟着运动。地壳的运动能使海浪加剧震动产生巨浪扑向海岸。

和陆地上的火山一样,海底的火山也经常喷发。

台风引起海啸

强大的台风通过海面时,能够使海岸的水位暴涨,汹涌的波涛使海水泛滥成灾,造成巨大的损失。人们把由台风造成的巨浪称为"风暴海啸"。

台风有时也能引起海啸。

日本发生的海啸

1923年9月1日,日本发生了大地震。日本的海港城市横滨受到了海浪的冲击。几百幢房屋被巨浪带到了海里。海啸发生后,人们发现那里的海底不仅断裂开来,还发生了巨大的移动。海底隆起部分与下陷部分的高度相差了270米左右。

第四章 地球与生命

我们生活的地球是一个美丽的星球，它拥有花草树木、禽鸟野兽以及有智慧的人类。因为有了生命，地球在太空中才显得与众不同。这个多姿多彩的世界，看似纷繁复杂，但是在复杂的外表下，却存在着一定的规律。一切生物都在生物圈中按照各自的生长规律繁衍生息。庞杂的生态系统在这种有序的循环中维持着微妙的平衡。让我们走进这个形形色色的生物乐园，去畅游一番吧！

奇妙的化石

在人类还没有出现之前,地球上已经生存繁衍着种类繁多的动植物了。证明它们存在的证据就是化石。化石的种类很多,有的保存了远古生物的遗体,有的则保存了生物的生活痕迹。

4亿年前,菊石生活在海洋中。

菊石死后埋在了泥沙里。

菊石化石的形成

越来越多的泥沙慢慢堆积,菊石化石形成了。

琥珀

琥珀是一种由树脂变成的化石,它里面有时会裹住某些昆虫的遗体。这些昆虫是怎样进入琥珀中的呢?原来是树脂的香味吸引了它们,并把它们粘住了。后来,源源不断流出的树脂把昆虫裹起来,经过长时间的物理化学变化,最后形成了稀有的昆虫琥珀。

琥珀中的昆虫

Part4 地球与生命

三叶虫化石

三叶虫是生活在六亿年前的水生动物，它们曾经非常繁荣，但在生存了三亿年后全部灭绝了。现在我们只能看到它们留下的各种化石。这些化石会帮助我们认识遥远的过去。

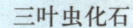

三叶虫化石

恐龙化石

在1.6亿年的漫长岁月里，恐龙家族在地球上繁衍生息，是地球生物的主宰。它们在一次毁灭性的外界打击后全部消失了。我们能看到的恐龙骨架就是复原的恐龙化石。恐龙化石对于研究恐龙的生活习性有着非常重要的意义。

小牛顿科学馆

形成化石的条件

古代生物的种类很多，但并不是所有的生物都能形成化石。一般来说，只有两种情况才有可能形成化石。第一是生物死了以后，马上有泥质的东西把它掩盖保护起来，这样就不会被其他动物吃掉。第二种就是生物本身具有坚硬的部分，不容易腐烂。比如牡蛎、贝壳等就能形成化石。

死亡的恐龙有可能形成恐龙化石。

生命的演化

人类加速了物种的消亡

伴随着人口膨胀和经济快速发展,加上过度开发和环境污染,动植物的种类和数量正在以惊人的速度减少。目前我国约有10%的高等植物处于濒危状态,约20%的野生动植物的生存受到严重威胁。

在地球诞生之后的漫长岁月里,地球上从没有生命,发展成为出现生命;从肉眼看不见的单细胞生物,逐渐进化成今天的植物、动物甚至人类。

三叠纪 二叠纪 石炭纪 泥盆纪 前寒武纪

生命的出现

当地球上原始的大陆和海洋形成之后,生命开始孕育。因为陆地形成之初温度比较高,因此,最初的生命出现在原始海洋里,它们是一些最简单的细菌和藻类。后来,一些比较复杂的植物陆续出现。大约在6亿年前,原始海洋中诞生了一些小型软体动物。生命开始繁盛。

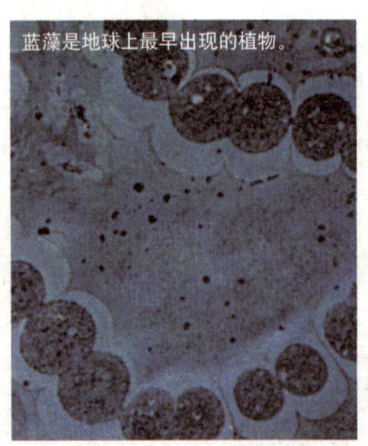

蓝藻是地球上最早出现的植物。

动植物的进化

动植物出现后,地球呈现出一片生机勃勃的景象。在漫长的岁月中,这些物种不断繁衍,并从当初比较低等的物种进化为高等的植物和动物。它们生活的环境,也从海洋拓展到了陆地、天空。地球就是这样一步一步地演化,形成了今天的面貌。

单细胞的藻类进化成了复杂的藻类。

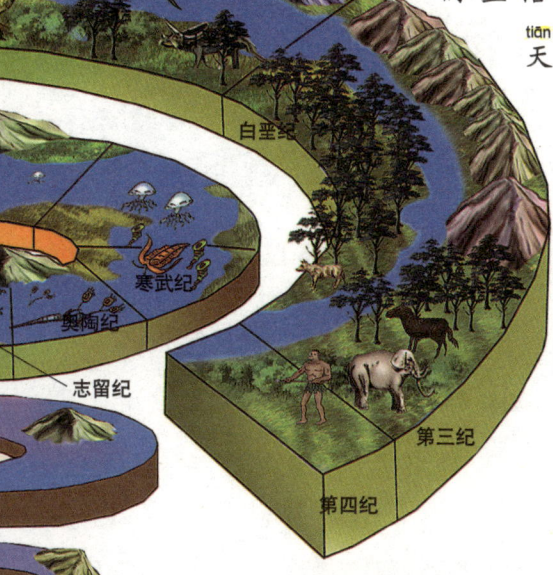

侏罗纪
白垩纪
寒武纪
奥陶纪
志留纪
第三纪
第四纪
地球刚形成

无法适应环境的物种将会逐渐消亡。

物种的消亡

在地球46亿年的历史当中,地球上的气候发生了多次变化。当生命出现后,这种变化给物种带来了毁灭性的灾难。很多无法适应气候与环境变化的物种,纷纷从地球上消失了。恐龙就是灭绝的物种中最庞大的一支。

小牛顿科学馆

细菌

细菌是生物界中最古老而且分布最广的物种,它是生物界中的分解者。有一些细菌,例如大肠杆菌和其他肠道细菌,生活在人和动物的消化道中,帮助人和动物们分解食物残渣,对人和动物的生存很有帮助。

多种多样的生物

地球上的生物多种多样,我们的生活环境因此显得丰富多彩。我们周围的生物不但有着多样的种类;就连同一种生物,也有着千姿百态的外形。生物多样性对维持生态系统的平衡起着十分重要的作用。

一望无际的农田

农田生态系统

　　农田也是一个小的生态系统,它是人工建立的生态系统。农田中的动植物种类较少,物种的结构单一。人们必须不断地从事播种、施肥、灌溉、除草和治虫等活动,才能够使农田生态系统朝着对人有益的方向发展。

生态系统多样性

生态系统就是生物和它们所生存的环境。任何一种生物都是它所在的生态系统的一部分。生态系统的种类非常多。所有的这些种类都按照各自的循环方式循环着。不管是从一个小的生态系统还是从全球的范围来看,这种循环对生物的进化都有着促进作用。

动物和它们生存的环境共同构成了一个生态系统。

Part4 地球与生命

物种多样性

自然界生存着各种各样的动物，也有种类繁多的植物，以及我们看不见的微生物。它们的种类非常丰富。生物的种类越多，整个生态环境越和谐自然。

物种为人类的发展提供了资源，但是，近年来由于人类滥用资源，已经加快了较多物种的灭绝。

一个生态系统中，生活着各种各样的生物。

遗传多样性

一只狗只能生出小狗，而不能生出其他种类的动物；但是同样是小狗，它们却有着不同的长相，这种现象是由它们的基因决定的。遗传多样性指的是一个物种、一类物种以及物种之间的基因种类非常多。物种的基因决定着物种的特点。

小企鹅与爸爸的长相并不相同。

孟德尔与豌豆

19世纪中期，奥地利修道士孟德尔认识到，代与代之间是通过被他称为"离散因子"的东西——今天我们称之为基因——而遗传其特征的。为了证明自己的猜测，他开始连续8年在菜园种植豌豆来进行实验。后来，他终于发现了生物遗传的最基本规律。

生物圈

生物圈指的是地球上所有的生命和这些生命所生存的环境。生物圈虽然有着纷繁复杂的动植物种类，但它们都可以分为生产者、分解者和消费者这几大类。不同种类的生物，按照它们各自不同的分工，在生物圈中繁衍生息。

生产者

生产者主要是指绿色植物，它们能够把太阳光能转变成葡萄糖、淀粉以及脂肪和蛋白质等营养成分，储藏在自己的体内。植物是地球上其他生物的食物来源。我们吃的蔬菜就是这样的绿色植物。

分解者都有哪些

细菌、真菌和放线菌等微生物都是分解者。当然，分解者中也有比较高级的动物，如蚯蚓、白蚁、螨等，它们以腐烂的东西为食。

青草属于生产者。

分解者

分解者主要是指一些具有分解能力的微生物。它们把动植物的粪便和其死亡后的尸体作为自己的食物进行分解，产生能被生产者重新吸收利用的物质。分解者与生产者的区别是，它不能利用太阳光合成营养成分。

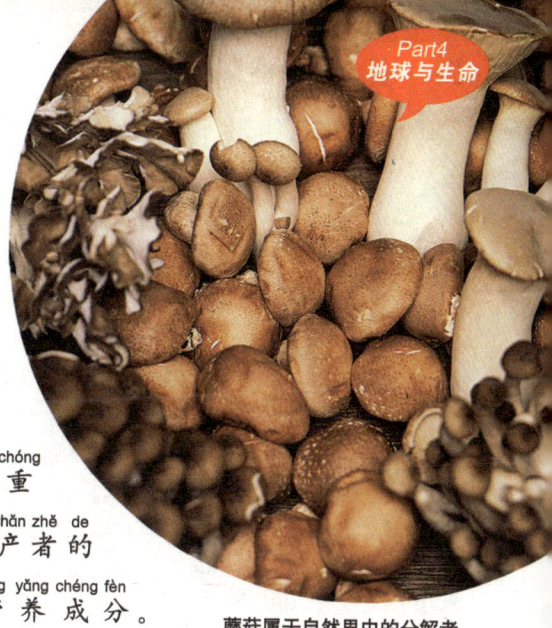

蘑菇属于自然界中的分解者。

小牛顿科学馆

碳的循环

绿色植物从空气中吸收二氧化碳，经过光合作用将它转化为葡萄糖，并释放出氧气。以植物为食的动物将植物中的葡萄糖吸收，再经过呼吸作用将葡萄糖重新氧化为二氧化碳和水，并释放回空气中。生物圈中的碳就这样进行着循环。

消费者

消费者是自然界中的各种动物，它们与分解者一样不能直接利用太阳光能。生态系统中的消费者分为食草动物的一级消费者、食肉动物的次级消费者和多级消费者。我们人类属于消费者。

在自然界中，绿色植物的数量最多，消费者的数量由下自上逐级减少。

食物链与食物网

大自然中的生物都有各自的食物，也有各自的天敌。这使自然界的万物形成了一个通过食物而连接起来的链条，同时也形成了一个复杂的食物网。能量以食物的形式在不同的物种之间相互传递。

人类的食物链

人类与大自然通过食物链连接着。人的食物主要来自植物和动物。而动植物是从自然环境中得到营养才生长而成的。如果这些动植物吸收了来自环境中被污染的成分，人吃了就有危险。

植物是人类的食物。

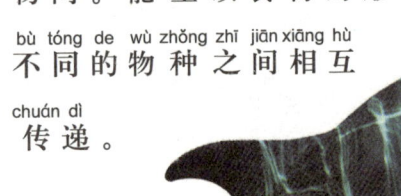

食物链

小朋友听说过"大鱼吃小鱼，小鱼吃虾米"吗？其实这句话就包含了一个简单的食物链。食物链就是食物之间的一种关系，它好比一个链条一样，把不同的生物联系起来。

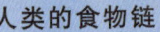

大鱼以小鱼为食，小鱼以小虾为食。

营养级

食物链上的每一个环节都是一个营养级。小鱼吃了虾米以后,虾米的一部分营养就会被小鱼吸收。同样大鱼吃了小鱼以后,小鱼身上的一部分营养也会被大鱼吸收。最终,虾米的营养就转移到了大鱼身上。

老虎处在营养级中的最高级。

食物网

在生态系统中,生物之间的取食关系是很复杂的。同一种植物会被不同的动物吃掉,而同一种动物也不会只吃一种食物。这种错综复杂的关系会使食物链之间彼此交叉,形成一个复杂的食物网。

作为野兔的食物,小草处于营养级的最底层。

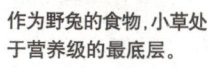

食物链的发现

达尔文曾观察到,养猫愈多,田鼠就愈少,因为没有田鼠来偷吃蜂蜜,丸花蜂也就越多;三叶草传粉机会多了,就能获得好收成;三叶草愈多,牧草充足,羊也自然就多了。因此,"猫—田鼠—丸花蜂—三叶草—羊"之间就形成了一根相互联系的食物链。于是,达尔文于1859年提出了著名的"食物链"理论。

生态系统的平衡

我们生活在一个充满生机的世界里。这个世界以它自己的方式维持着平衡。当生态系统遭到破坏时,它能够自我调节。如果这种破坏非常严重,生态系统本身无法修复,生态环境就会出现危机。

和谐的生态系统

在一片原始森林中,有草、灌木和乔木等各种植物,也有兔子、鹿等食草动物,还有虎、狼等食肉动物。食草动物以草为生,食肉动物以食草动物为生。动植物死后,它们的残骸又会被微生物分解。这样的生态系统就是一个和谐稳定的生态系统。

这是一片发生了生态危机的土地。

生态平衡

生态平衡又称"自然平衡",是指在一个生态系统内部,生物种类的组成、生物数量的比例,以及能量的流动和循环都处于相对稳定的状态。在一个平衡的生态系统中,动物、植物、微生物和它们的生存环境互相依存,互相制约。

沙漠里的动植物构成了一个平衡的生态系统。

成熟的生态系统

一个生态系统中的物种越丰富,食物网就越复杂,物质循环和能量流动的渠道也就越多。如果其中一个环节出现问题,其他的环节可以起到补偿作用。这就是成熟的生态系统。

在一个成熟的生态系统中,动植物的种类非常多。

生态危机

生态系统虽然有自我调节的能力,但这个能力是有限度的。如果超过了限度,调节就不再起作用了,生态平衡就会遭到破坏,甚至导致生态危机。

小牛顿科学馆

有大用处的屎壳郎

欧洲移民刚到澳大利亚时,见那里绿草茵茵,十分适合放牧。于是,他们在那里大力发展养牛业。由于牛粪太多了,大量的苍蝇和蚊虫开始滋生,给人们的生活带来了困扰。于是他们只好从中国进口屎壳郎。这些屎壳郎很快就吃掉了大量的牛粪,苍蝇的数量这才降了下来。

第五章
地球的资源

地球上存在着丰富的资源：有来自大自然的太阳能、风能；有深藏在地下的金银铜铁、煤炭、石油等不可再生资源……人类发展的每一个阶段，都依赖着自然资源。其中可再生资源是取之不尽的，人类可以尽情使用。但是当人类开发和使用了不可再生资源之后，这些资源就会逐渐减少，直至枯竭。人类应该如何合理利用资源呢？我们应该怎样对待我们赖以生存的环境呢？

地球资源

空气、水、陆地、森林、矿产、能源都是资源，它是人类维持生命和生活所必需的物质。地球上的每一个人都需要利用资源，随着人类文明的进步，人类对资源的需求也在不断增长。对地球上资源的研究和合理使用，就显得尤为重要。

可再生资源

可再生资源是指使用后可以更新的天然资源。我们的周围存在着大量的可再生资源，比如土地、森林、降雨、湖海、地下水、海洋生物、陆地生物等。很久以前，人类就已经开始利用它们为人类服务了。

森林与江河都属于可再生资源。

节约能源

近年来，能源短缺的情况已越来越严重，面对这一严酷的现实，人们一方面努力开发利用新型能源，另一方面也开始了节约能源的活动。例如节约用电、提倡步行、乘坐公共汽车、尽量利用太阳能等。

Part5 地球的资源

不可再生资源

不可再生资源是指使用后不可更新的资源。能源和矿产都属于不可再生资源。它们包括石油、煤、天然气以及金、银、铜、铁等矿物。由于人类不断开采,不可再生资源的存储量已经日渐减少。

矿产属于不可再生资源。

修旧利废

购买一件新产品就意味着淘汰一件已有的旧产品。如果通过修旧利废,把产品的平均寿命延长一倍,相应的废弃物就会减少一半,而与产品生产、运输和废弃相关的不利环境影响也就减少一半。这一过程还可产生较好的经济效益。

废物再利用可以减少资源的消耗。

如何合理利用资源

目前,人类已经逐步认识到资源面临危机这一现实。人们开始通过不断开发新能源来解决能源问题;通过对矿产资源的深加工和再利用来解决矿产问题;通过保护生物资源来维持生态平衡;通过节约用水和治理污染来保持水的正常循环。

洁净的太阳能

太阳能的神奇利用

阿基米德是古希腊最富有传奇色彩的科学家，关于他的传说故事很多，而且十分有趣。两千多年前，阿基米德曾利用以玻璃或青铜制成的反射装置，将太阳光汇聚反射到来犯的罗马舰队上，结果烧毁敌船，大破敌军。可见人类很久以前就开始研究和利用太阳能了。

有太阳的时候，我们会感到十分温暖，而在下雨、下雪或者阴天的时候，就会觉得很冷。这是因为地球获得热量的主要来源是太阳。正是因为有了太阳，地球上的动植物才能生长和繁衍。现在，人们还想出了许多利用太阳能的方法。

太阳能的利用

太阳所产生的光和热，给地球上的生命带来了动力。我们现在所使用的能源大部分都间接来自于太阳，我们为什么不直接利用太阳能呢！正是因为有这样的想法，人们才发明了各种利用太阳能的方式。太阳能是一种干净无污染的能源，又容易获得，是一种理想能源，并有着广阔的发展前景。

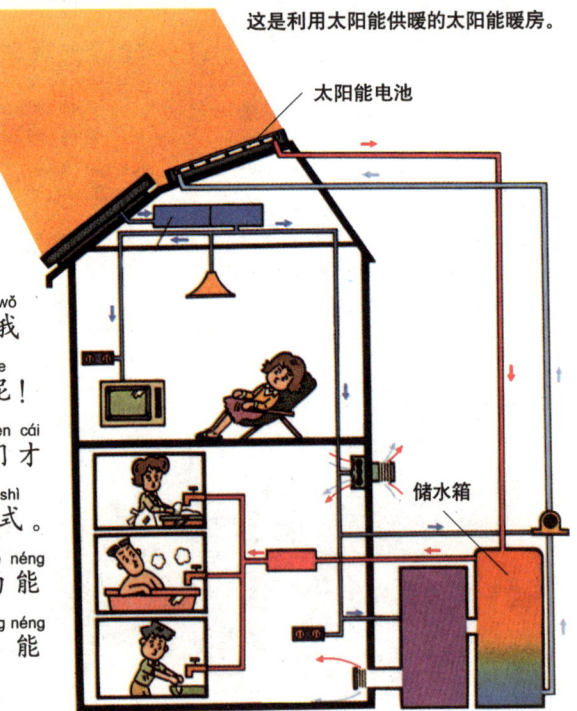

这是利用太阳能供暖的太阳能暖房。

太阳能电池

储水箱

太阳能热水器

太阳能热水器充分利用了太阳释放到地球上的热量。它的黑色集热板被放在房屋的平顶处，并面向阳光。集热板把吸收到的太阳热量通过管道传导给屋内水箱里的水，从而使水温不断升高，成为可以使我们洗澡的热水。

太阳能热水器

太阳能电池

太阳能电池利用了太阳发出来的光。当它受到阳光的照射时，里面的装置能够把光能转化为电能，并使电流从一边流向另一边。由太阳能电池组成的太阳能电池板就是根据这一原理设计的。太阳能电池已经得到了实际应用，人造卫星和宇宙飞船大多使用太阳能电池供电。

宇宙飞船所使用的太阳能电池板

无处不在的太阳能

无论是生物能、风能，还是水力、温差和潮汐能，归根结底都是太阳能的转化形式，就连矿物燃料也是通过生物的化石形式保存下来的亿万年以前的太阳能。

fēng de néng liàng
风的能量

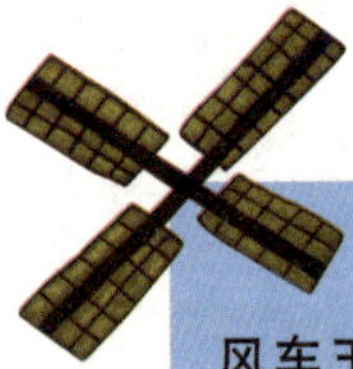

dāng wǒ men zhàn zài liǎng dòng lóu fáng de zhōng jiān
当我们站在两栋楼房的中间，
yǒu shí huì gǎn jué dào fēng hū hū de chuī guò fēng suī
有时会感觉到风呼呼地吹过。风虽
rán lái wú yǐng qù wú zōng dàn tā què yǒu xǔ duō shí zài de
然来无影去无踪，但它却有许多实在的
yòng tú fēng néng shí fēn qīng jié bù huì xiàng méi tàn shí
用途。风能十分清洁，不会像煤炭、石
yóu nà yàng róng yì zào chéng huán jìng wū rǎn
油那样容易造成环境污染。

风车王国——荷兰

由于荷兰境内经常刮风，这使它成为利用风能最广泛的国家。很早以前，风车就成了荷兰的象征。荷兰的风车最大的有好几层楼高，横展达到20米。因为风车利用的是自然风力，没有污染和能源耗尽的忧虑，所以它被荷兰人沿用至今。

来自风的能量

fēng shì yī zhǒng hěn cháng jiàn de zì rán xiàn xiàng tā shí ér nù hǒu yú sēn lín
风是一种很常见的自然现象。它时而怒吼于森林
zhōng shí ér páo xiào zài jiāng hé hú hǎi shang fān chuán lā qǐ fēng fān yǐ hòu kě yǐ chéng
中，时而咆哮在江河湖海上。帆船拉起风帆以后可以乘
fēng ér xíng fēng zheng yě kě yǐ zài fēng de bāng zhù xià fēi shàng lán tiān kě jiàn fēng néng
风而行，风筝也可以在风的帮助下飞上蓝天。可见风能
wú chù bù zài xiàn zài de rén men yǐ jīng xiǎng chū hěn duō bàn fǎ lái lì yòng fēng néng
无处不在。现在的人们已经想出很多办法来利用风能。

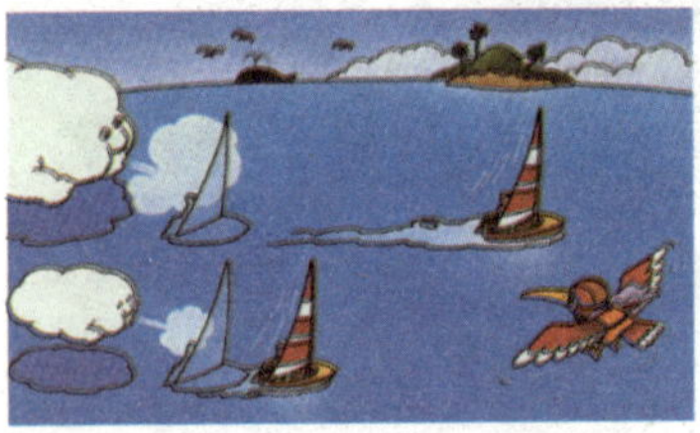

风力越大，帆船跑得越快。

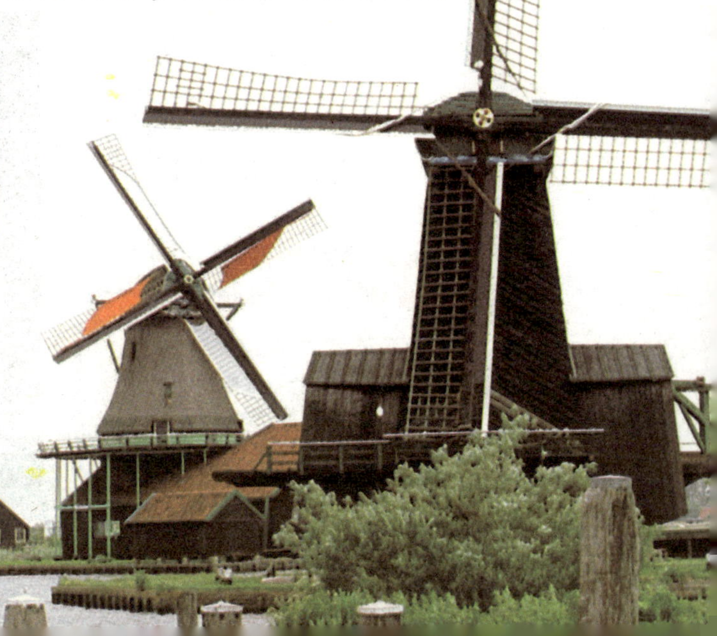

Part5 地球的资源

| 900年前的风车 | 400年前的风车 | 300年前的风车 | 100年前的风车 |

风能冷房

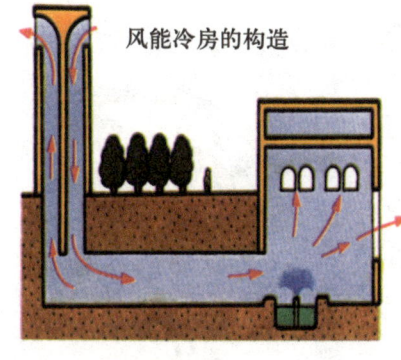

风能冷房的构造

在一些炎热干燥的地区，高大的建筑物加盖的"风塔"可以成为向室内输送冷气的装置。从风塔顶部吹入的又干又冷的空气，经过地下通道进入室内，可以降低室内空气的温度，保持室内的凉爽。

旋转的风车

风车是人们最早利用风能的大型工具之一。很早以前，风车主要用于抽水灌溉、磨米磨面。现在，风车正作为发电的动力装置重新被利用。风力发电不会造成危害，并且取用不尽。

复杂的风

地面的风在很大程度上受海洋、地形的影响。山隘和海峡能改变风的方向，还能使风速增大；而丘陵、山地使风速减少；孤立的山峰因为海拔高而使风速增大。因此，风向和风速的变化在地形的影响下显得十分复杂。

145

江河湖海蕴涵的能量

我国的水能资源

我国地势西高东低，蕴藏着得天独厚的水能资源。我国大陆部分水电的理论蕴藏容量近7亿千瓦，其中技术可开发容量5亿多千瓦，年可发电量2万亿千瓦时，列世界之首。

地球上的水与我们的生活息息相关。水除了被人们用来饮用、洗涤、养殖和灌溉外，还有很多能量可以被利用。水在流动时产生的水能可以推动水车工作，水能也可以用来发电。人们正在利用水能来为人类服务。

水车

水车是利用水能作为动力的一种工具。大部分水车是用木头制造的，也有一些是用金属制造的。很久以前，水车就被用来灌溉田地、磨面。水车虽然已经被使用了两千多年，但人们并没有嫌弃这个老朋友，现在一些国家仍用许多巨大的水车为人们服务。

不同类型的水车

水电站

水电站是利用水能发电的场所。从高处流下来的水冲在低处的水轮机上,推动水轮机转动。这时,如果把发电机连接在水轮机上,水轮机就能带动发电机转动,产生电流。

水电站

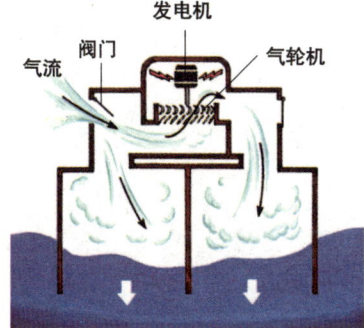

海面下降时

海浪可以用来发电。

海面上升时

海浪的能量

汹涌的海浪蕴涵着很大的能量,它也可以用来发电。海浪的冲击力引起强烈的气流,用特殊的装置收集这些气流产生的能量,就可以将它们转变成对人类有用的电能。但是海浪不稳定,因此限制了目前海浪发电的发展。

用处多多的水库

水库运用蓄积河水或湖水的方法调节不同地区的水量,可以起到灌溉、发电等作用。水库蓄积的水可以在干旱的季节排放出来,以缓解旱情。水库的拦水大坝还可以用于建设水力发电站。另外,水库还可以发展水产养殖等。

能量巨大的核能

我们都听说过原子弹，知道它具有巨大的威力。那么，这种巨大的威力从哪里来呢？原来，它们都是原子核通过核反应释放出的能量。这种能量就是威力巨大的核能。

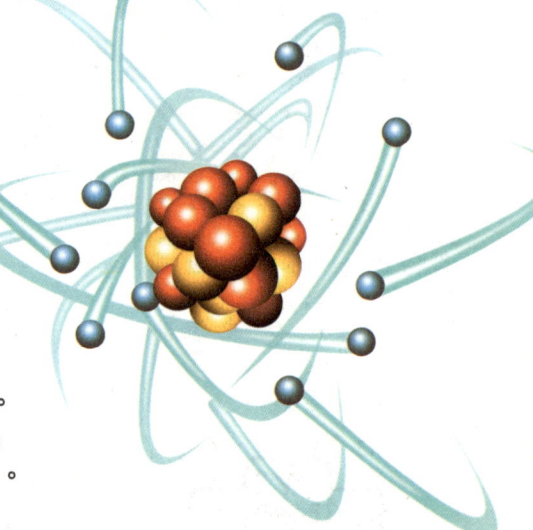

核反应堆的工作方式

传动装置用以调整燃料棒和控制棒的位置。

燃料棒和控制棒

不锈钢外壳

核反应堆

核反应堆又称为"原子反应堆"，巨大的核能就是在这里产生的。根据不同的用途，核反应堆也分为不同功能的"堆"，比如提供热量来发电的"发电堆"，用于提供轮船、飞机等动力的"推进堆"等。

核电站

核电站利用一座或许多座核反应堆所产生的热能来发电或供热。核反应堆中的核反应产生出大量的热能，热能给水加温，产生出大量的蒸汽，蒸汽带动发电机，电就源源不断地生产出来，并通过电网送往四面八方。

核电站

核能的用途

核能与其他能源相比，不会产生如煤炭燃烧时形成的污染物质，它是一种清洁、高效的新型能源。核能除了发电之外，还可用于冶炼钢铁，为建筑物的采暖提供热量，作为推动各种交通工具的动力来源等。

工作人员在清理核废料。

小牛顿科学馆

威力巨大的原子弹

原子弹是一种利用核裂变原理制成的核武器。它是由美国最先研制成功的，具有非常强的破坏力与杀伤力。原子弹在爆炸的同时会放出强烈的核辐射，危害生物组织。

金银铜铁

金属矿藏存储于地壳的岩石中，人们需要开采和提炼才能获得它们。金银铜铁是地球上各种金属矿藏中最重要的提炼物。它们是人们在生产生活中不可缺少的材料。

矿物的形成

- 石灰岩层
- 砂岩层
- 熔岩
- 炽热的岩浆引发石灰岩中的水循环。炽热的地下水将许多元素从其流经的岩石中分离出来，并重新沉积。
- 随着熔岩的冷却，邻近的石灰岩发生质变。
- 变质的岩层往往产生各种各样的矿物。

金矿

黄金是一种贵重的金属，它一直被人们当作货币或贵重的装饰物使用。目前，世界上的含金矿物有25种。有的可以直接冶炼，有的混杂在其他矿石中，必须把它们粉碎、筛选出来才能熔炼。

银筷验毒

古代皇宫贵族都用银筷子来检验饭菜是否被下毒，但这种做法并不保险。许多食物比如松花蛋、臭豆腐也能使银筷子变黑，但并没有毒。而一些巨毒物质比如砒霜、氰化物、蛇毒却不会使银筷子变黑。古代的砒霜能使筷子变黑，那是因为古人炼的砒霜不纯。

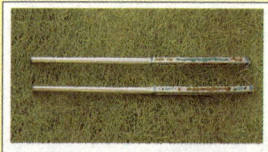

古代人用银筷来检验饭菜中是否有毒。

银矿

白银也是一种贵重的金属,古时候也被人们用来当作货币。在自然界里,银和金经常以"姐妹矿"的形式出现。许多金矿既出产黄金又出产白银。含银的矿物有十多种,常见的有辉银矿和像头发丝一样的自然银。

黄金也被用来制作货币。

铜矿和铁矿

铜和铁是人们最常使用的金属。铜在地壳中的含量比较少,但铜矿床中的自然铜却能以比较高的纯度存在。铁在地壳中的含量比较丰富,含铁矿物的种类非常多,其中赤铁矿和磁铁矿的含铁量高,是用来炼铁的重要矿物。

钢铁是应用最广的金属。

淘金

含有杂质的自然金比沙子重。淘金的人利用重沉轻浮的原理把含有小金粒的沙子拿到水里反复地淘洗。那些沙子经水一淘,逐渐颠簸出盘子,留下来的就全都是黄金颗粒。

煤炭、石油和天然气

地球上存在着丰富的非金属矿藏，如煤炭、石油和天然气等就是其中运用最广泛，也是最重要的矿藏。它们为人类的生产生活提供能量。

煤的形成

在地质史上，沼泽和森林覆盖了大片陆地。当海平面上升时，植物就被淹死了。如果这些死亡的植物被沉积物覆盖而不透氧气时，植物就会在地下形成有机层。这些有机层再经过地质变化就转变成了煤。

煤炭是工业生产的"粮食"

煤是地球上储量最多的化石燃料，它一般都储藏在地下。世界上的煤炭地层分布很不均匀，大多集中在温带和亚寒带。煤炭既是动力燃料，又是化工原料，所以煤炭被人们称为"工业的粮食"。

煤炭的形成

死亡的植物形成泥炭。　泥炭变为褐煤。　烟煤在挤压下形成。　无烟煤最后形成。

152

石油是工业生产的"血液"

石油是由古代海洋里的微小动植物的残余物质形成的,它是现代工业不可缺少的物质,因此被人们称为工业的"血液"。石油不但提供燃料给车辆、发电厂,也是制造塑料、化学品、衣服的原料。

海洋生物死亡后沉入海底。

石油和天然气渐渐形成。

石油和天然气向上移动。

石油开采

石油和天然气的形成

无污染的燃料——天然气

天然气是一种天然气体燃料,它蕴藏在地层中。天然气有很多优点:气态天然气比空气轻,所以万一发生泄漏时扩散快,较为安全。天然气燃烧性良好,燃烧后不会产生有害气体,是目前全世界公认的比较干净的燃料。

石油的提炼

从油田中开采出来的原生石油被人们称作原油。人们把原油送到炼油厂进行分离,可以分离出汽油、煤油、柴油和用作润滑剂的重油等。另外,原油还可以分离出与天然气相似的液化石油气。

光彩夺目的宝石

宝石也属于矿产，它们不仅可以用于制作装饰品，还可以应用于工业生产中。其中，较为珍贵的宝石有钻石、红宝石、蓝宝石、水晶、祖母绿、猫眼和翡翠。

珍贵的宝石

红、蓝宝石的品鉴

品鉴红、蓝宝石最重要的就是看颜色。红宝石颜色越红越好。在阳光下，颜色最浓的，被称为"鸽血"的红宝石是红宝石中的极品。蓝宝石以正蓝色为上品。世界上最著名的红、蓝宝石产地是缅甸的莫谷地区和巴基斯坦的罕萨。

宝石常被做成首饰。

最硬的物质——钻石

钻石又叫金刚石，是十分珍贵的宝石。天然的、没有经过琢磨的钻石看起来像浑浊的小玻璃球。最好的天然钻石没有颜色或者呈蓝白色，经过打磨之后它才会闪闪发光。钻石是人们已经知道的天然物质中最坚硬的物质，所以它也经常被用来作为切割东西的工具。

钻石

红宝石和蓝宝石

红宝石和蓝宝石是同一种矿物,名字叫作刚玉。世界上红宝石的产量非常稀少,大都颗粒细小。蓝宝石是指除了红色以外的其他所有颜色的刚玉宝石。在蓝宝石家族中,最珍贵的就是蔚蓝色的宝石。

各种宝石

水晶和猫眼石

水晶是世界上最纯净的物质,它是无色透明的石英柱状晶体,长得像玻璃却比玻璃硬。猫眼石又叫金绿宝石。这种宝石表面会出现一条像猫眼一样闪动的光带。光带会随着光线的强弱而变化。

人造钻石

钻石也可以人工制造。人们把石墨,也就是铅笔内的"铅"放在巨大压床下,用高温压出钻石。用这种方法制造的钻石体积非常小,所以它们经常被用来做成牙钻、玻璃切割刀和切割岩石用的"钻石锯"的锯齿。

中国儿童百科全书
之 地球真相

生病的地球

沙尘暴是一种灾害性天气。

沙尘暴的危害

沙尘暴是风与沙共同作用而产生的一种灾害性天气。它与森林减少、草原退化、气候异常等环境变化有密切的关系。严重的沙尘暴对人、牲畜及建筑物的危害不亚于台风和龙卷风。

今天，我们的地球母亲正在悄悄地哭泣，因为她的子孙——人类把她弄得千疮百孔。大气的污染、土地的污染、水的污染已经使地球像一个病人一样。

大气污染

工厂排放的废气、汽车排放的尾气以及烧荒和森林失火等，都会造成空气污染。这些有害气体既破坏了生态环境，也危害到了动植物和人类的生存与发展。酸雨、臭氧空洞、厄尔尼诺现象等都是大气被污染后产生的恶果。

如今，大气污染已经威胁到人类的生存。

白色污染

白色污染是指废弃的塑料物品引起的环境污染。因为塑料大部分是白色的,所以叫作"白色污染"。废弃的塑料不容易分解,如果混在土壤中,就会导致农作物产量减少;如果燃烧塑料,就会产生有毒气体,损害人体的健康。

塑料垃圾泛滥成灾。

可怕的水土流失

小牛顿科学馆

南极臭氧空洞

臭氧是构成地球大气中的一种微量气体,它能吸收掉太阳紫外辐射中绝大部分对生命有伤害的紫外辐射。由于人类向大气中排放氟氯烃化合物等废气,使南极上空的臭氧层每年10月都会出现臭氧空洞。

水土流失

水土流失是指水力、风力、融化和重力等外力使陆地表层的土壤发生散失的现象。在自然状态下,纯粹由自然因素引起的水土流失非常缓慢。在植被遭到破坏或耕作不合理的地方,往往会发生严重的水土流失,进而导致干旱、洪涝、沙尘暴等灾害的频繁发生。

爱护我们的家园

世界环境日

为了加强人们的环保意识，联合国把每年的6月5日确定为"世界环境日"。每年的这一天，联合国会发表"环境现状年度报告"，并制定这一年世界环境日的主题，提醒全世界注意全球环境状况，强调保护和改善人类生存环境的重要性。

地球是人类的家园，爱护它是我们每一个人的责任和义务。今天的地球已经被各种污染弄脏了，怎样才能使它恢复生机，并且变得更美好，这是我们每个人都应该关注的问题。

垃圾也是宝

地球上的各种资源正在急剧减少，许多原材料和能源都将逐渐耗尽。因此在开发新能源的同时，还要充分利用各种被遗弃的"垃圾"，做到变废为宝。因为许多看似无用的东西，其实还可以用在其他地方。小朋友也应该在日常生活中为回收利用资源出力。

废弃的易拉罐仍然可以再利用。

植树造林

植树造林是改善环境的最好方法。

森林对于保持水土、调节气候等都有重大的作用。森林的减少不但导致气候恶化，而且将对整个生态平衡造成严重破坏。植树造林可以缓解因为森林减少带来的灾害，成材的树木还可以为人类提供木材资源，所以这是改善地球环境的重要方法。

节约用水

虽然地球表面的3/4都被水覆盖，但可供我们饮用的淡水只占很小的一部分，而且其中的大部分还属于很难开发的冰川。因此，节约用水在发展工农业生产以及我们日常生活中都是不可忽视的大事。

废纸的再生

使用过的废纸也可以回收再利用。回收1吨废纸，能生产再生纸800千克。这样就可以少砍17棵大树，节省3立方米的垃圾填埋空间，还可以减少因为造纸而产生的废水。每张纸至少可以回收两次。

图书在版编目（CIP）数据

地球真相／龚勋主编．—汕头：汕头大学出版社，2012.1（2021.6重印）
ISBN 978-7-5658-0494-6

Ⅰ.①地… Ⅱ.①龚… Ⅲ.①地球—少儿读物 Ⅳ.①P183-49

中国版本图书馆CIP数据核字（2012）第003478号

地球真相
DIQIU ZHENXIANG

总 策 划	邢　涛		印　　刷	唐山楠萍印务有限公司
主　　编	龚　勋		开　　本	705mm×960mm　1/16
责任编辑	胡开祥		印　　张	10
责任技编	黄东生		字　　数	150千字
出版发行	汕头大学出版社		版　　次	2012年1月第1版
	广东省汕头市大学路243号		印　　次	2021年6月第6次印刷
	汕头大学校园内		定　　价	37.00元
邮政编码	515063		书　　号	ISBN 978-7-5658-0494-6
电　　话	0754-82904613			

●版权所有，翻版必究　如发现印装质量问题，请与承印厂联系退换